SIGRID SCHÖPE

Bodenarbeit mit Stangen und Pylonen

Mit den Übungen für
die Abzeichenprüfung

KOSMOS

Inhalt

Beziehung schaffen

Jeder Reiter wünscht sich eine harmonische und freundschaftliche Beziehung zu seinem Pferd. Die Basis dafür wird aber nicht beim Reiten, sondern im täglichen Miteinander gelegt. Hier zeigt sich, ob der Mensch dem Pferd so begegnen kann, dass es ihn versteht und respektiert. Eine abwechslungsreiche Ausbildung am Boden bietet die besten Voraussetzungen, um das Verhältnis vertrauensvoll und den Umgang mit dem Pferd sicher zu machen.

DER MENSCH LERNT …

… sein Pferd besser zu verstehen. Er erkennt die Stärken, die Schwächen und auch die Ängste seines Pferdes. Das ist vom Boden betrachtet sehr viel einfacher als vom Sattel aus. Sie können schon kleine Änderungen in der Körpersprache, einen skeptischen Blick oder ein Zucken des Ohres wahrnehmen. So fällt es leichter, die Persönlichkeit des Pferdes kennenzulernen und individuelle Stärken zu nutzen.

Was macht Ihrem Pferd Spaß, was nicht? Ist Ihr Pferd neugierig, leicht zu begeistern und arbeitet aufmerksam mit oder müssen Sie seinen Eifer erst wecken? Wie oft müssen Sie ein Signal, eine Übung wiederholen, ehe das Pferd verstanden hat? Beobachten und fördern Sie Ihr Pferd!

Bodenarbeit schult Ihre Körpersprache, Ihr Timing und verfeinert Ihre Hilfengebung. So treten Sie souveräner und gelassener auf.

DAS PFERD LERNT …

… sehr genau auf Ihre Signale zu achten und diese richtig zu interpretieren. Es verbessert seine eigene Körperwahrnehmung durch die unterschiedlichen Aufgaben und Übungen, die gleichzeitig seine Lust auf die Arbeit erhalten oder vielleicht auch neu wecken. Das Training bleibt überraschend, spannend und abwechslungsreich, was sich sehr positiv auf die Motivation ausübt. Ihr Pferd muss sich konzentrieren und kann Schritt für Schritt neue Aufgaben lösen und bewältigen. Das stärkt das Selbstvertrauen!

Ganz nebenbei bringen Sie Ihrem Pferd aber auch bei, was Sie sich unter „guten Manieren" vorstellen. Es lernt, Ihren Individualraum zu respektieren und nicht zu drängeln. Es bleibt ruhig stehen, wenn Sie es wünschen. So wird der Umgang nicht nur freundlicher, sondern auch sicherer.

Führtraining

Pferde führen ist doch ganz einfach! Stimmt das wirklich? Schon beim Führen fängt die Erziehung des Pferdes an. Können Sie Ihr Pferd aus der Box holen, ohne dass es drängelt? Können Sie es zur Weide bringen, ohne dass es Sie hinterherzieht oder Sie es ziehen müssen? Versucht es nie, unterwegs nach ein paar Grashalmen zu schnappen? Bleibt Ihr Pferd brav stehen, sobald Sie selbst stehen bleiben? Das sind nur einige Fragen, die man sich stellen sollte. Können Sie diese Fragen mit JA beantworten, haben Sie schon eine sehr gute Basis erarbeitet.

TRAININGSAUFBAU

Ziel eines Führtrainings ist es, dass Sie Ihr Pferd in jeder Situation problem- und gefahrlos führen können und es dabei auf Sie konzentriert ist.

Bauen Sie das Training in kleinen Schritten auf. Jedes Pferd hat einen individuellen Charakter, auf den man sich einstellen muss. Mit einem schreckhaften oder ängstlichen Pferd arbeiten Sie anders als mit einem dominanten Pferd.

Ihr Augenmerk sollte darauf liegen, die Reaktionen Ihres Pferdes zu erkennen. So merken Sie auch, wann Sie Ihr Pferd überfordern. Eine Aufgabe, die das eine Pferd vielleicht spielend meistert, kann für ein anderes eine echte Herausforderung sein.

TRAININGSSTRATEGIEN

Lassen Sie sich nie auf einen Machtkampf ein. Merken Sie, dass Ihr Pferd dagegenhält oder Sie nicht weiterkommen, ändern Sie Ihre Taktik.

Beobachten Sie, warum Ihr Pferd nicht mitmacht: Versteht es Sie nicht? Hat es Angst? Oder einfach keine Lust? Passen Sie Ihre Trainingsstrategie an, gehen Sie in den Anforderungen zurück, gönnen Sie dem Pferd eine Pause oder suchen Sie einen neuen Ansatz. Bleiben Sie flexibel, aber immer klar in Ihren Ansagen. Hören Sie auf Ihr Gefühl.

Auch beim Führtraining gilt wie bei jeder Arbeit: Wiederholungen festigen das Gelernte, aber Abwechslung erhält die Motivation. Langweilen Sie Ihr Pferd nicht – bleiben Sie interessant!

Das richtige Halfter

Sie können Ihr Pferd mit einem normalen Halfter führen. Noch besser für das Führtraining ist aber ein Knotenhalfter: Es überträgt die Signale feiner und genauer auf das Pferd. Knotenhalfter sind praktisch und leicht, aber reine Arbeitshalfter und nicht zum Anbinden des Pferdes geeignet! Achten Sie immer auf gute Qualität, egal welches Halfter Sie verwenden. Und sehr wichtig: Sie selbst brauchen Handschuhe und festes Schuhwerk! Eine Gerte oder ein Stick ergänzen Ihre Ausrüstung für die Bodenarbeit.

VORTEILE

Ein Knotenhalfter besteht aus einer dünnen Schnur. Die Knoten befinden sich an empfindlichen Stellen des Pferdekopfes (Nase, Nacken, Backenbereich). Daher ist es wichtig, dass das Knotenhalfter richtig sitzt. Das Nasenstück darf nicht zu hoch oder zu tief liegen, richtig ist die Position zwei bis drei Finger unter der Jochbeinkante. Das Genickstück darf nicht einengen, im Kehlbereich haben zwei Finger Platz.

Stallhalfter

Natürlich klappt das Führtraining auch mit einem normalen Stallhalfter. Es muss aber richtig sitzen: nicht zu locker (damit es nicht über die Nase nach unten rutscht) und nicht zu fest oder eng. Der Kehlriemen sollte nicht zu eng anliegen, bei gesenktem Kopf darf er nicht drücken. Die Backenstücke dürfen nicht zu nah am Auge sein. Achten Sie bitte darauf, dass alle Schnallen richtig verschlossen sind.

AUFGEPASST

Dieses Knotenhalfter sitzt zu hoch. Es rutscht dem Pferd dicht an das Auge und irritiert es dadurch leicht.

Ein Knotenhalfter sitzt tendenziell eher locker. Ist es aber zu weit oder sitzt es zu tief, rutscht das Nasenteil zu weit nach unten und damit auf die sehr empfindliche nicht-knöcherne Partie des Pferdekopfes. Die Signalgebung wird nicht nur ungenau, sondern auch unangenehm für das Pferd.

Das Seil des Halfters ist relativ dünn, die Auflagefläche gering. Das ist ein weiterer Grund, nicht am Führstrick zu ziehen. Seien Sie sorgsam im Umgang.

RICHTIG GEKNOTET

Sie legen das offene Ende des Halfters über den Hals des Pferdes und streifen das untere Teil vorsichtig über die Nase. Achten Sie darauf, es in die richtige Position zu schieben. Der untere Knoten soll mittig unter der Kehle hängen.

Das Knotenhalfter wird mit einem einfachen D-Knoten geschlossen: Ziehen Sie das freie Ende durch die vorhandene Schlinge. Dann führen Sie es mit der linken Hand unter der Schlinge durch und formen die Rundung zu einem „D". Hierdurch wird das freie Ende gesteckt und der Knoten festgezogen.

Das richtige Seil

Egal, ob Sie mit einer Longe oder einem Drei-Meter-Arbeitsseil arbeiten, Sie sollten zu Ihrer eigenen Sicherheit immer Handschuhe tragen. Zieht das Pferd Ihnen das Seil durch die Hand, können sonst schlimme Brandwunden entstehen. Wichtig ist auch, wie Sie das Seil halten. Legen Sie es so in Ihre Hand, dass keine Schlaufe entsteht, in der sich Hand oder Finger verfangen können. Sollte sich Ihr Pferd plötzlich erschrecken und zur Seite springen, dann würde sich das Seil womöglich um Ihre Hand zuziehen. Unterschätzen Sie bitte nie das Verletzungsrisiko.

◀ ARBEITSSEIL

Das Führseil sollte mindesten zwei Meter lang sein und keinen Sicherheitsverschluss (der sich zur Not selbst öffnet), sondern einen Karabinerhaken haben. Aber Achtung: Binden Sie Ihr Pferd mit einem Seil ohne Panikhaken nie an, benutzen Sie es nur für das Führtraining.

Optimal sind Arbeitsseile, die drei bis vier Meter lang sind. Meist haben sie am Ende des Seils ein Lederbändchen. Diese Seile ermöglichen es, über verschiedene Distanzen mit dem Pferd zu arbeiten und es auch mit dem Seilende vorwärtszutreiben oder abzustoppen, sodass Sie keine zusätzliche Gerte benötigen. Achten Sie auch hier bitte auf Qualität, zu leichte oder weiche Seile verfehlen ihre Wirkung.

Lassen Sie das Seil immer so lang, dass Sie genügend Abstand zum Pferd haben und es sich nicht eingeengt fühlt. Die Schlaufe darf aber nicht auf den Boden hängen, damit weder Sie noch Ihr Pferd auf das Seil treten.

▲

FÜHRKETTE

Es gibt heftige Pferde, bei denen man auch mit einem Knotenhalfter an seine Grenzen gerät. Nur in so einem Fall sollte man zu einer Führkette greifen.

Die Führkette wird nie zur Bestrafung eingesetzt! Die Einwirkung erfolgt impulsartig, fein dosiert und nicht mit Gewalt. Niemals darf man ein Pferd mit einer Führkette anbinden! Dies kann zu schlimmen Verletzungen führen.

Die Führkette wird über die Nase geführt, einmal um das Nasenband geschlungen (auf dem Foto schlecht zu sehen) und am oberen Halfterring eingehakt. Führt man abwechselnd von der rechten oder der linken Seite, muss jeweils umgeschnallt werden.

Ich selbst bin auch bei Führtrainings in Seminaren mit dem Knotenhalfter immer gut zurechtgekommen.

Longe

Zur Not können Sie beim Üben auch eine Longe mit Karabinerhaken benutzen. Aber Sie werden rasch merken, dass Sie für ein Führtraining damit zu viel überflüssiges Leder in der Hand haben. Mit einem Führseil wird die Arbeit sicher einfacher und auch präziser.

Signale geben – Signale empfangen

Egal, wie Sie mit Ihrem Pferd kommunizieren: Die Signale müssen immer eindeutig sein. Körperhaltung und Handzeichen sind optische Signale. Pferde reagieren sehr fein auf Körpersprache, daher müssen Sie hier sehr achtsam und klar sein. Auch akustische Signale, egal ob es sich um ein Geräusch oder ein Signalwort handelt, müssen gezielt eingesetzt werden. Außerdem können Sie Ihrem Pferd mit direkten Berührungen Signale übermitteln.

▲

KÖRPERSPRACHE

Pferde kommunizieren durch Körpersprache. Schon die geringste Bewegung des Gegenübers, eine feine Veränderung der Körperposition, wird registriert.

Ein Pferd sieht sofort, ob man die Box in einer leicht gebückten Haltung betritt, vielleicht den Blick gesenkt, und somit Unsicherheit zeigt – oder ob man sich groß macht und Selbstbewusstsein ausstrahlt.

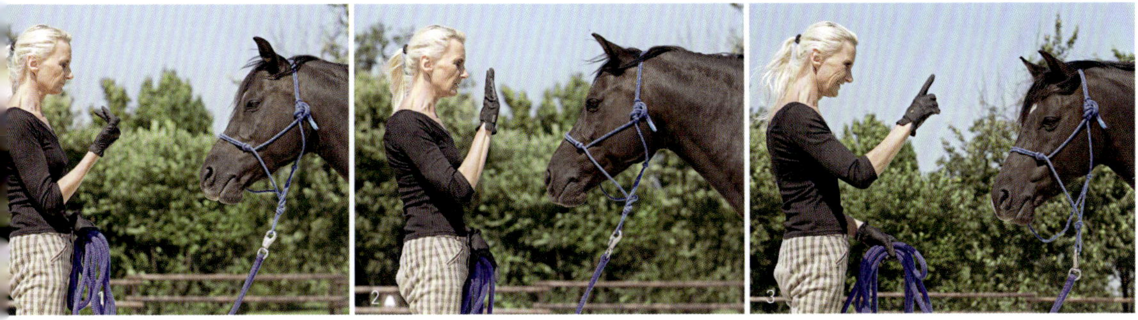

▲

BASIS-HANDZEICHEN

Wichtige Hand-Signale für das Pferd sind die Zeichen für Komm, Stopp und Zurück:

1 KOMM – Heranwinken des Pferdes
2 STOPP – erhobene Hand
3 ZURÜCK – bewegter Zeigefinger

Mit diesen drei Handzeichen können Sie Ihr Pferd rückwärts von sich weg schicken, es anhalten und wieder zu sich rufen. Es erfordert aber einiges an Trainingszeit, Geduld, Konsequenz und Lob fürs Pferd, bis die Signale „sitzen".

Überlegen Sie vor einer Übung genau, welche Reaktion des Pferdes Sie haben möchten und wie diese aussehen soll. Konzentrieren Sie sich auf dieses innere Bild, dann werden Ihre Ansagen an das Pferd viel deutlicher.

BELOHNUNG

Durch eine Belohnung vermitteln Sie Ihrem Pferd, dass es etwas gut gemacht hat. Nehmen Sie ein Lobwort, das schon in der Aussprache weich und sanft ist. Streicheln Sie Ihr Pferd. Und beenden Sie alle Hilfen sofort, wenn das Pferd richtig reagiert hat.

Wichtig ist: Die Belohnung, ob Wort, Berührung oder Leckerli, muss innerhalb weniger Sekunden erfolgen, ansonsten kann das Pferd sie nicht mit der guten Arbeit in Verbindung bringen. Arbeiten Sie mit Futterlob, so verwenden Sie kleine Leckerli, damit das Pferd nicht zu lange darauf herumkaut.

▶

Die erste Führposition

Die Führposition, also Ihre Position in Beziehung zum Pferd, übermittelt wichtige Signale. Sie können vorne am Kopf des Pferdes stehen oder an der Hinterhand. Beides hat unterschiedliche Bedeutungen für das Pferd. Auch auf Ihre Körperhaltung kommt es an. Machen Sie sich groß, Schultern zurück, Rücken gerade. Je nach Situation kann Ihr Körper angespannt, aber auch weich und entspannt sein. Denken Sie daran: Pferde sind Minimalisten und erkennen kleinste Veränderungen.

Führpositionen

- am Kopf des Pferdes
- neben Hals/Schulter des Pferdes
- neben der Sattellage des Pferdes
- neben der Hinterhand des Pferdes
- links und rechts des Pferdes
- vor dem Pferd
- auf Distanz

AM KOPF

Sie stehen neben dem Kopf des Pferdes, etwa in Genickhöhe, so, dass Sie die Pferdeohren sehen können. Lassen Sie den Strick leicht durchhängen, bedrängen Sie das Pferd nicht, indem Sie es zu eng halten. Der längere Strick erlaubt Ihnen mehr Abstand zum Pferd, so können Sie seine Signale besser wahrnehmen und haben es trotzdem fest im Griff, wenn es sich erschrecken sollte.

Diese erste Position am Kopf ist die häufigste Führposition und ideal für forsche oder auch ängstliche Pferde.

AN HALS UND SCHULTER

Die Position an der Schulter bzw. am Widerrist ist die sicherste Position beim Führen von Pferden.
Hier haben Sie eine neutrale Einwirkung auf das Pferd. Sie haben Ihr Pferd gut im Blick, können seine Reaktionen beobachten und auch entsprechend darauf reagieren. Nutzen Sie diese Führposition auch, wenn Sie fremde Pferde führen müssen, deren Reaktionen und Verhaltensweisen Sie nicht kennen. Meist führen Sie Ihr Pferd von der linken Seite, somit haben Sie den Strick oder das Arbeitsseil in der rechten Hand und in der linken Hand das Ende Ihres Stricks oder eine Gerte.

Je weiter hinten Sie stehen, desto größer ist die treibende Funktion beim Führen, weiter vorne wirken Sie eher bremsend ein.

AN DER HINTERHAND

Spätestens wenn Sie eine Position im Bereich der Hinterhand einnehmen, müssen Sie mit einem längeren Führseil arbeiten. Bitte lassen Sie das Seil auch hier leicht durchhängen, so stören Sie Ihr Pferd am wenigsten.

Diese Position eignet sich gut für ein Pferd, das eher wenig Vorwärtsdrang hat und trödelt. Sollte Ihr Pferd trotzdem zu langsam gehen, haben Sie von dieser Position aus die beste Möglichkeit, es anzutreiben: Tippen Sie es mit dem Seilende oder einer Gerte leicht an der Hinterhand an. Achtung: Diese Position eignet sich nicht für heftige Pferde.

Weitere Führpositionen

Neben der Führposition eins am Kopf des Pferdes, an der Schulter oder auf Höhe der Hinterhand können Sie (je nach Pferd und Vorhaben) zwei weitere Positionen einnehmen: eine Führposition mit mehr Abstand zum Pferd und eine Führposition vor dem Pferd. Das sind die Führpositionen zwei und drei. Manchmal kann es auch sinnvoll sein, das Pferd von zwei Seiten zu führen.

VON BEIDEN SEITEN DES PFERDES

Die doppelseitige Führung des Pferdes benutzt man meistens dann, wenn Kinder oder unerfahrene Menschen Pferde führen sollen. Das Kind selber geht in der ersten Führposition an der linken Seite des Pferdes, die erwachsene/erfahrenere Person auf der anderen Seite. Das gibt Kindern oder auch Anfängern ein sichereres Gefühl. Beide Stricke werden seitlich am Halfter befestigt. Das Kind oder der Einsteiger übernimmt die Führungsrolle. Die Person auf der rechten Seite des Pferdes dient nur zur Absicherung und ist defensiv, das heißt, sie greift nur im Notfall ein.

▼

▲

DIE ZWEITE FÜHRPOSITION

Legen Sie beim Führen Wert darauf, dass das Pferd einen gewissen Abstand zu Ihnen einhält. Drängt es zu Ihnen, schicken Sie es durch leichte Impulse am Seil wieder weg, bis es Ihren persönlichen Raum nicht mehr unterschreitet.

Mit der Zeit können Sie diesen Abstand weiter vergrößern, ohne die Verbindung mit dem Pferd zu verlieren. Aus dieser Position heraus können Sie es gut beobachten und entsprechend schnell und gezielt reagieren, zum Beispiel, indem Sie Ihre Position nach vorne oder hinten verlagern, um das Tempo zu beeinflussen.

So schaffen Sie durch das Führen in der zweiten Führposition auch eine solide Grundlage für das Longieren oder die spätere Freiarbeit.

▲

DIE DRITTE FÜHRPOSITION

In der dritten Führposition gehen Sie vor dem Pferd und übernehmen so die klare Führungsrolle.

Das Pferd folgt Ihnen, wie es dem Herdenchef folgen würde, Sie führen und übernehmen die Führung. Dafür müssen aber erst die Voraussetzungen geschaffen werden! Das Pferd muss Sie in dieser Position akzeptieren und nicht versuchen, zu drängeln, zu schubsen oder Sie zur Seite zu schieben. Sonst kann es in der dritten Führposition schnell zu brenzligen Situationen kommen. Als Fluchttier reagiert das Pferd bei Gefahr nun einmal mit einem Ausweichen nach vorne.

Dennoch kann die dritte Führposition sinnvoll sein, zum Beispiel beim Führen durch Engpässe.

Losgehen

Beginnen Sie mit den ersten Führübungen auf dem Reitplatz oder in der Halle. Hier haben Sie einen sicheren Trainingsraum, oft ist es auch einfacher, wenn die Bande Ihr Pferd begrenzt. Ziel ist, dass das Pferd auf Ihre Signale achtet und gemeinsam mit Ihnen losgeht. Anfangs können Sie Ihre Stimme einsetzen, schnalzen und ein Wortkommando geben (zum Beispiel „Schritt"). Achten Sie darauf, dass Sie ein gutes Maß an Energie ausstrahlen, nicht zu viel, aber auch nicht zu wenig.

OBERKÖRPER VOR

Sobald Sie losgehen, wird sich Ihr Oberkörper etwas nach vorne bewegen. Das ist das Signal, das Ihr Pferd erkennen muss. Anfangs können Sie diese Oberkörperbewegung sehr deutlich machen, indem Sie sich fast übertrieben vorbeugen. Bedenken Sie, dass Pferde weitaus besser die Körpersprache beachten und interpretieren können als wir Menschen. Ihr Pferd wird schon kleine Bewegungen wahrnehmen, aber zu Anfang weiß es nicht, was diese Bewegungen zu bedeuten haben.

Wichtig: Schauen Sie nach vorne und nicht aufs Pferd. Ergänzen Sie Ihre Körperhaltung durch ein stimmliches und falls nötig auch durch ein taktiles Signal (Touchieren mit Seilende oder Gerte).

▼

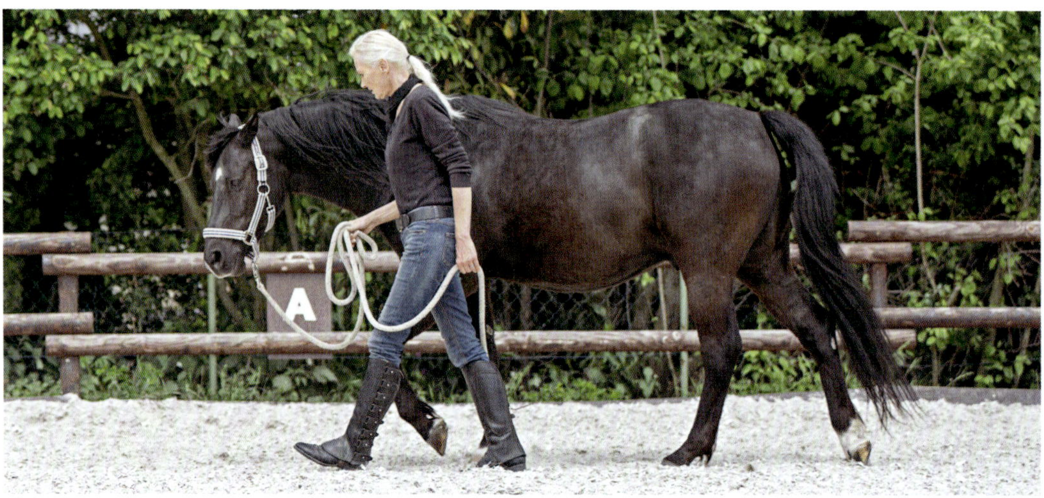

▲

DAS PFERD IST ZU LANGSAM

Die meisten Pferdehalter machen den Fehler, dass sie sich an die Geschwindigkeit des Pferdes anpassen. Es soll aber andersherum sein: Sie geben die Geschwindigkeit vor und das Pferd geht mit.

Trödelt Ihr Pferd hinter Ihnen her oder tritt es nur zögerlich oder gar nicht an, können Sie das Seilende als treibende Hilfe einsetzen. Nehmen Sie das Seil ca. 50 Zentimeter vor dem Ende in die linke Hand. Nun touchieren Sie mit einem kleinen Schwung nach hinten das Pferd mit dem Seilende an der Hinterhand. Drehen Sie sich bitte nicht um, sondern bleiben Sie in Ihrer führenden Position und gehen Sie ganz normal weiter.

Sie können das Pferd auch leicht mit dem Ende der Gerte an der Hinterhand antippen (ebenfalls ohne sich dabei umzudrehen!). Anschließend nehmen Sie die Gerte sofort wieder in die normale Haltung. Gehen Sie selbst aufrecht und federnd, lassen Sie nicht die Schultern hängen! Ihr Pferd achtet auf Ihre Körpersprache.

DAS PFERD ÜBERHOLT

Überholt das Pferd Sie, traut es vermutlich Ihren Führungsqualitäten nicht. Vielleicht ist es nicht gewohnt, dass Sie sagen, wo es langgeht. Schaffen Sie auf möglichst einfache Weise Abhilfe: Führen Sie das Pferd auf einen kleinen Kreis, und zwar so, dass es außen einen weiteren Weg gehen muss. So können Sie es ohne Druck wieder in die richtige Position bringen.

▼

Impulse

Treiben Sie Ihr Pferd nur dann an, wenn es nötig ist, touchieren Sie es nicht ständig. Das würde Ihr Pferd im Laufe der Zeit ignorieren. Ziehen Sie das Pferd aber auch nicht hinter sich her, sondern fordern Sie es auf, Ihnen bereitwillig zu folgen, egal in welcher Geschwindigkeit.

Anhalten

Halten Sie Ihr Pferd vom Schritt aus an. Dabei sollten Sie keinen Zug ausüben. Das Seil hängt locker durch, Ihr Körper spannt sich an, Sie bleiben stehen. Im Idealfall steht auch Ihr Pferd sofort. Dann loben Sie es natürlich! Manchen Pferden fällt es schwer, ruhig stehen zu bleiben, sie treten hin und her und sind nervös. Üben Sie an einem Platz mit wenig Ablenkung. Kleine Denk- und Ruhepausen im Stehen helfen auch, Gelerntes zu verarbeiten!

KÖRPERSPANNUNG

Beim Anhalten aus dem Schritt machen Sie sich groß, erhöhen Ihre Körperspannung, nehmen die Schultern zurück und bleiben ruckartig stehen. Ziehen Sie nicht am Halfter oder am Strick, das Seil sollte weiterhin locker durchhängen. Geben Sie gleichzeitig ein Stimmsignal wie STEH oder HALT.

Bleiben Sie immer in Führrichtung stehen, drehen Sie sich nicht zum Pferd. Sie können auch die dem Pferd zugewandte Hand als deutliches Signal anheben.

Funktioniert das nicht gleich, versuchen Sie es mit einem kleinen Impuls am Seil – so wenig wie möglich, so viel wie nötig. Nehmen Sie die Stärke des Signals im Laufe der Übungen wieder zurück: Körperspannung, rechte Hand anheben und HALT.

Üben Sie das Anhalten in der Reithalle an der Bande. Sie können auch versuchen, eine Volte zu führen und dann gerade (Kopf Richtung Bande) stehen zu bleiben, so haben Sie vorne eine Begrenzung. Drehen Sie sich selbst dabei nicht zum Pferd, sondern bleiben Sie parallel zur Schulter stehen.

▲

GERTE ODER STICK

Auch mit Gerte oder Bodenarbeitsstick können Sie das Pferd am Überholen hindern. Halten Sie die Gerte vor die Brust des Pferdes oder schwingen Sie sie vor dem Pferd. Durch die schnelle Bewegung entsteht ein Geräusch, Ihr Pferd wird zurückbleiben. Gleichzeitig können Sie auch Ihre Stimme einsetzen und HALT oder STOPP sagen.

Bitte achten Sie darauf, dass Sie nach jeder Korrektur das Führseil sofort wieder locker durchhängen lassen und Ihr Pferd nicht zu kurz nehmen!

PROPELLER

Merken Sie, dass Ihr Pferd an Ihnen vorbeilaufen will, ziehen Sie auf keinen Fall mit der Führhand nach hinten, sondern setzen den Strick als „Propeller" oder die Gerte als Bremse ein.

Halten Sie das Arbeitsseil in der rechten Hand, das etwa 50 Zentimeter lange Ende liegt in der linken Hand. Nun machen Sie sich groß, schauen nach vorne (nicht auf Ihr Pferd!) und drehen das Seilende wie einen Propeller in Richtung Pferd – also rechts herum. Drehen Sie das Seil vor dem Kopf des Pferdes! Ihr Pferd wird das Signal schnell verstehen und an seiner Position bleiben.

Später genügt es, das Seil vor dem Pferd hin und her pendeln zu lassen und es wird sofort an seine Position zurückkehren. Und schließlich werden Sie den Propeller gar nicht mehr einsetzen müssen: Ihr Pferd achtet auf Ihre Körpersprache.

▼

Handwechsel

Normalerweise führt man Pferde von der linken Seite. In manchen Situationen kann es aber sinnvoll sein, rechts neben dem Pferd zu gehen. Dieser Handwechsel ist aber nicht ganz einfach. Deshalb sollten Sie sich in kleinen Schritten herantasten und zunächst im Stehen die Führposition von links nach rechts wechseln. Sobald das gut funktioniert, können Sie es auch im Schritt versuchen.

FÜHRSEITE WECHSELN IM STAND

In Abzeichenprüfungen wird oft eine spezielle Art des Handwechsels gefordert. Dabei wechselt der Führende von der linken Seite des Pferdes auf die rechte Seite. Im Stand funktioniert es wie folgt: Sie beginnen mit dem rechten Fuß und machen einen diagonalen Schritt vor das Pferd, dann folgt das linke Bein mit einer Drehung des Körpers Richtung Pferdekopf, danach ein weiterer rechter Schritt mit einer Körperdrehung und zum Schluss stellen Sie beide Beine nebeneinander. Nun stehen Sie auf der rechten Seite des Pferdes und schauen wieder mit ihm in dieselbe Richtung.

▼

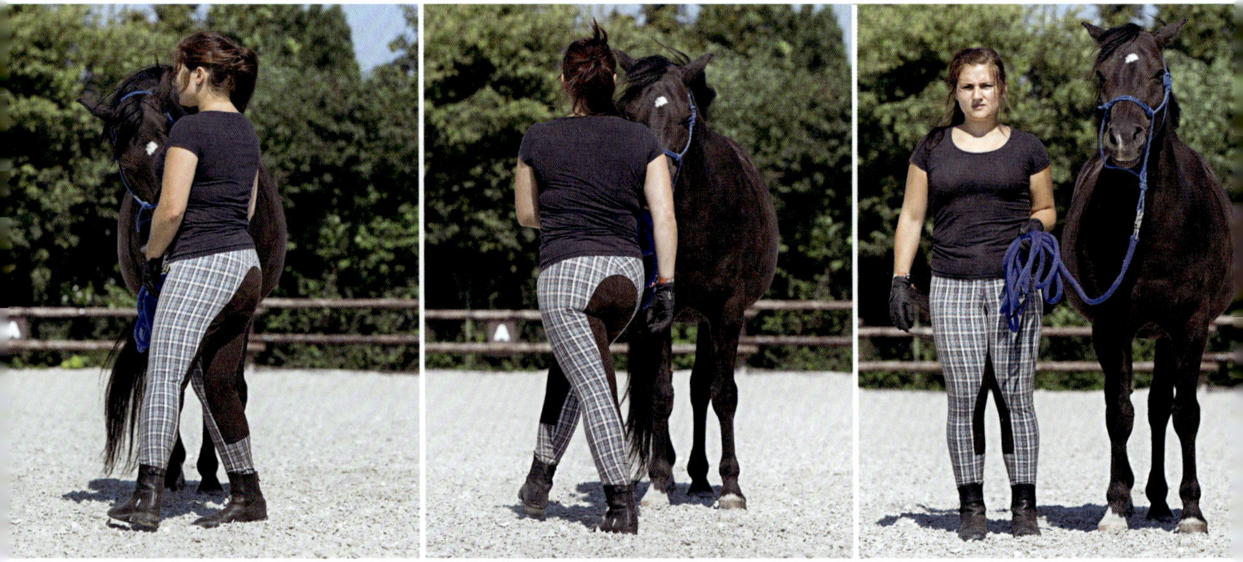

FÜHRSEITE WECHSELN IM SCHRITT

Die Schwierigkeit beim Führungswechsel im Schritt, also in der Bewegung mit dem Pferd, ist, dass man recht große Schritte machen muss, um den Bewegungsablauf nicht zu unterbrechen. Es erfordert ein wenig Übung, bis das flüssig und reibungslos abläuft. Oft ist das Pferd irritiert und bleibt stehen oder man verheddert sich im Seil. Das ist übrigens ein wichtiger Punkt: Ob Sie nun mit einem Führseil oder mit einem Arbeitsseil üben, der Handwechsel des Seils erfolgt immer vor dem Pferd.

In den Prüfungen können beide Varianten gefordert werden, ein Wechsel im Stand und ein Wechsel im Schritt.

Aufgepasst!

Beim Führwechsel im Schritt kreuzen Sie die Laufbahn Ihres Pferdes. Sie müssen daher zügig vorwärts/seitwärts gehen, sonst laufen Sie in die Beine Ihres Pferdes. Am besten verlagern Sie Ihre Position rechtzeitig etwas nach vorne und gehen dann in einem kleinen Bogen vor Ihrem Pferd herum, während Ihr Pferd in gerader Linie im Schritt weitergeht.

Rückwärtsrichten

Es gibt verschiedene Arten, das Pferd aus dem Stand rückwärts treten zu lassen. Sie können sich vor das Pferd stellen und es weichen lassen oder mit Ihrem Pferd zusammen rückwärtsgehen. Wie beim Antreten kommt es auch beim Rückwärtsgehen auf Ihre Körperhaltung an. Beim Antreten haben Sie Ihren Oberkörper nach vorne genommen, jetzt nehmen Sie die Schultern leicht zurück. Sie können gleichzeitig ein Stimmkommando benutzen (zum Beispiel ZURÜCK).

NEBEN DEM PFERD

Beginnen Sie mit dem Rückwärtsrichten am besten an der Bande. Sie stehen auf Schulterhöhe neben dem Pferd und blicken in dieselbe Richtung. Schauen Sie das Pferd nicht an. Nehmen Sie die Schultern zurück und treten Sie rückwärts. Ziehen Sie nicht am Seil!

Reagiert Ihr Pferd nicht, schwingen Sie den Stick vor seiner Brust auf und ab. Alternativ setzen Sie den Propeller ein: Schwingen Sie das Seil mit der linken Hand, vielleicht drehen Sie es so schnell, dass es ein Geräusch macht. Hilft das nicht, lassen Sie das Seilende (das ist oft ein Lederband) gegen die Bande schlagen. Sobald Ihr Pferd einen Schritt zurückgeht, beenden Sie die Seilaktion.

Häufig kommt das Pferd beim Rückwärtsrichten mit der Kruppe nach innen. Überprüfen Sie dann, ob Sie selbst gerade ausgerichtet sind (achten Sie auf Ihre Blickrichtung!) und korrigieren Sie die Position der Kruppe durch leichtes Touchieren mit dem Seil.

VOR DEM PFERD

Am Anfang ist es oft einfacher, vor dem Pferd zu stehen und es so rückwärts zu schicken. Funktioniert das nicht, können Sie Ihr Pferd auch mit der Hand an der Brust berühren oder es mit der Gerte leicht antippen. Ziel ist es, dass das Pferd bei möglichst wenig Druck nach hinten weicht. Achten Sie auf Ihre Körperhaltung: Spannen Sie den Körper an, schauen Sie in die Richtung, in die Sie das Pferd bewegen wollen. Ihr Pferd sollte zügig und in gerader Linie rückwärts treten, dabei Kopf und Hals leicht gesenkt halten. Üben Sie das Rückwärtsrichten an der Bande entlang. Weicht Ihr Pferd mit der Hinterhand aus, können Sie anfangs auch eine Stange auf den Boden legen und Ihr Pferd in dieser Gasse rückwärts richten. Achten Sie bitte darauf, dass Sie nicht am Seil ziehen.

MIT KÖRPERKONTAKT

Eine dritte Variante ist das Rückwärtsbewegen des Pferdes mit Körperkontakt. Legen Sie eine Hand auf die Nase des Pferdes und geben Sie leichte Impulse. Weicht das Pferd, nehmen Sie sofort Ihre Hand weg und loben.

Dies wiederholen Sie, bis Sie die Hand nur noch ganz leicht auf den Nasenrücken legen müssen und Ihr Pferd in gerader Linie rückwärts geht.

Tempowechsel

Beobachten Sie Pferdehalter beim Führen ihrer Pferde, werden Sie feststellen, dass sich meist der Mensch dem Tempo des Pferdes anpasst. Genau das ist falsch: Sie führen – und das Pferd soll auf Sie fokussiert sein, Ihnen folgen. Sie haben bereits gelernt, dass Sie das Arbeitsseil zum Stoppen und zum Vorwärtstreiben einsetzen können. Nun nutzen Sie dieses Können, um das Tempo beim Führen zu variieren.

TEMPOWECHSEL IM SCHRITT

Führen Sie Ihr Pferd wie schon geübt an, Blick geradeaus. Nach zehn Schritten erhöhen Sie Ihr Tempo. Schnalzen Sie, um Ihr Pferd zu motivieren, auf keinen Fall aber ziehen Sie am Seil! Das Führseil hängt locker durch. Merken Sie, dass Ihr Pferd das Tempo nicht erhöht, setzen Sie Seilende oder Gerte ein und tippen das Pferd damit leicht an der Hinterhand an.

Gerne können Sie ein Stimmkommando einsetzen (zum Beispiel VORWÄRTS oder SCHRITT) oder ein Handzeichen geben. Verlängert Ihr Pferd seine Schritte, loben Sie es und halten das Tempo für eine halbe Runde. Dann entspannen Sie Ihren Körper, werden langsamer und kommen zum normalen Tempo zurück.

Lassen Sie sich nicht beirren, falls es nicht auf Anhieb klappt. Wichtig ist, dass Sie einen Plan haben. Gehen Sie auf keine Konfrontation ein, fangen Sie einfach wieder von vorne an. Denken Sie an den Einsatz des Propellers, um Ihr Pferd zu bremsen, und an das Schwingen des Seilendes, um es vorwärtszuschicken.

Üben Sie, die Übergänge weich und fließend zu gestalten. Nehmen Sie dabei die Hilfen wieder zurück.

VON SCHRITT ZU TRAB UND ZURÜCK

In derselben Weise gehen Sie vor, wenn Sie mit Ihrem Pferd antraben möchten. Motivieren Sie Ihr Pferd wie bisher, um in den Trab zu wechseln. Achten Sie darauf, dass das Seil durchhängt und Sie Ihr Pferd nicht hinter sich herziehen. Kommen Sie zu weit nach vorne, wirken Sie eher bremsend auf das Pferd ein.

Zum Durchparieren schwingen Sie kurz das Seil vor dem Pferd und werden selbst langsamer. Das Durchparieren klappt meistens ganz gut. Es ist einfacher, langsamer zu werden als schneller.

Variieren Sie zwischen Stehenbleiben, Schritt und Trab. Je mehr Abwechslung Sie in das Führtraining bringen, desto konzentrierter ist Ihr Pferd.

Weichen um Vor- und Hinterhand

Es ist wichtig, dass Sie Einfluss auf die Vor- und die Hinterhand des Pferdes nehmen können. Üben Sie daher, das Pferd weichen zu lassen. Wichtig ist: Das Pferd sollte immer eine leichte Stellung im Genick haben. Sie können für diese Übung sowohl ein normales Halfter als auch ein Knotenhalfter benutzen. Wir zeigen hier das Weichen der Vorder- und Hinterhand und seitliches Weichen an der Bande entlang.

WEICHEN UM DIE VORHAND

Beim Weichen um die Vorhand bewegt sich das Pferd mit der Hinterhand um die Vorhand herum. Diese Übung ist eine gute Vorbereitung für die spätere Vorhandwendung unter dem Reiter.

Nehmen Sie das Führseil etwas kürzer, damit das Pferd den Kopf zu Ihnen dreht. Das Pferd sollte im Körper leicht gebogen sein. Wichtig ist Ihre Position: Sie stehen auf Höhe des Widerrists und blicken auf die Flanke des Pferdes. So wirken Sie treibend auf die Hinterhand. Sobald diese weicht, bewegen Sie sich mit dem Pferd vorwärts-seitwärts. Das Ihnen zugewandte (innere) Hinterbein kreuzt nun Schritt für Schritt, das innere Vorderbein bewegt sich fast auf der Stelle. Nach vollendeter Drehung lassen Sie Ihr Pferd ruhig stehen und loben.

Benötigen Sie zu Beginn stärkere Signale, können Sie mit der Gerte leicht die Hinterhand antippen oder den Strick kreisend Richtung Hinterhand bewegen.

Shir Khan wendet hier schon völlig frei.

▲

WEICHEN UM DIE HINTERHAND

Beim Weichen um die Hinterhand beschreiben Sie mit Ihrem Pferd einen Kreisbogen und bewegen dabei die Vorderbeine um die Hinterbeine. Sie stehen auf Höhe der Schulter des Pferdes. Stellen Sie das Pferd in Bewegungsrichtung (hierzu reicht oft ein kleines Signal am Strick oder Sie legen die Fingerspitzen auf die Ganasche und positionieren den Kopf leicht von sich weg). Das Pferd weicht dem Druck aus, Ihr Körper ist parallel zu dem des Pferdes ausgerichtet und Sie gehen Schritt für Schritt mit dem Pferd mit.

Beidseitig üben

Diese Übungen sollten Sie auf beiden Seiten probieren. Oft ist das Pferd zu einer Seite hin beweglicher. Dann beginnen Sie mit dieser „guten“ Seite und üben anschließend aber unbedingt auch auf der Seite, die dem Pferd schwerer fällt.
Sie werden auch später beim Reiten merken, dass sich Ihr Pferd auf der einen Seite besser bzw. schlechter biegen lässt. Hier können Dehn- und Biegungsübungen am Boden helfen.

Seitwärtsweichen

Das Seitwärtsweichen am Boden entspricht in etwa dem Schenkelweichen: Das Pferd bewegt sich, entgegen der Bewegungsrichtung gestellt, seitlich von Ihnen weg. Dabei soll es gleichmäßig und rhythmisch die Beine überkreuzen. Wichtig ist, dass es auf Ihre Signale achtet und konzentriert Schritt für Schritt die Übung ausführt.

◄ KÖRPERPOSITION

Sie stehen auf Höhe der Schulter des Pferdes mit Blickrichtung zum Pferd. Ihre Schultern sind ebenfalls dem Pferd zugewandt. Das Führseil halten Sie in der linken Hand, das Ende des Seils oder eine Gerte in der rechten Hand.

Wie später beim Reiten wird das Pferd etwas gegen die Bewegungsrichtung gestellt. Das bedeutet, der Kopf des Pferdes zeigt zu Ihnen, während das Pferd von Ihnen weg weichen soll. Diese Stellung erreichen Sie, indem Sie leicht am Führseil zupfen. Anfangs ist es einfacher, die Bande als vordere Begrenzung zu nutzen.

Mit dem Seilende oder der Gerte in der rechten Hand wirken Sie nun auf die Hinterhand ein, leicht schwingend oder touchierend, wie Sie es schon gelernt haben. Schauen Sie dabei in die Richtung, in die sich das Pferd bewegen soll und gehen Sie vorwärts. Mit der linken Hand können Sie den Kopf des Pferdes leicht korrigieren, wenn notwendig.

So rahmen Sie das Pferd mit Ihren Hilfen ein und geben ihm dadurch klare Anweisung und Sicherheit.

SCHRITT FÜR SCHRITT

Zu Beginn genügt es, wenn Ihr Pferd zwei bis drei gute Schritte seitwärts macht! Dann bleiben Sie ruhig stehen und loben. Nach ein oder zwei Minuten Pause versuchen Sie es erneut.

Für diese Übung ist eine feine Abstimmung notwendig. Sehr leicht passiert es, dass das Pferd die Hinterhand von Ihnen wegdreht. Finden Sie heraus, wie wenig oder viel Sie einwirken müssen und an welcher Position.

Klappt die Übung gut, können Sie die Herausforderung erhöhen: Stellen Sie das Pferd mit dem Kopf zur Bahnmitte und üben Sie das Weichen in dieser Position. Achten Sie darauf, dass es nicht in die Bahn läuft.

GLEICHZEITIG

Fortgeschrittene weichen gleichzeitig mit dem Pferd zur Seite. Hierbei stehen Sie weiter hinten, etwa auf Höhe des Widerrists. Lassen Sie das Seil locker durchhängen und tippen Sie Ihr Pferd mit dem Seilende oder der Gerte an der Hinterhand an, damit diese weicht.

Anfangs können Sie dafür den Ellenbogen Ihres rechten Arms in Richtung Pferd schieben und gleichzeitig die Hinterhand aktivieren. Lassen Sie das Pferd zwei bis drei Schritte seitlich treten, dann bleiben Sie ruhig stehen und loben das Pferd. Danach versuchen Sie es erneut.

Fortgeschrittene üben ohne Halfter und Seil! Klappt das gut, sieht das durch die parallele Bewegung von Mensch und Pferd sehr schön aus.

Führen auf Trense

In bestimmten Prüfungen wird das Führen mit Trense verlangt. Hierbei ist es ganz wichtig, dass man die Zügel korrekt in den Händen hält. Besonders geachtet wird auch auf die Körperhaltung von Pferd und Führendem, auf die Führposition und den Einsatz von Hilfsmitteln wie Stimme oder Gerte. Dies bedarf im Vorfeld etwas Übung, damit in der Prüfung alles flüssig abläuft. Auch sollte die Trense korrekt verschnallt sein.

ZÜGELHALTUNG

Die Zügel werden über den Kopf des Pferdes heruntergenommen. Stehen Sie in der normalen Führposition auf der linken Seite des Pferdes, so nehmen Sie die Zügel in die rechte Hand. Zeige- und Mittelfinger teilen die einzelnen Zügel. Das verbleibende Zügelende wird zusammengefaltet und in die linke Hand gelegt. Die Zügelenden können sowohl geschlossen als auch offen sein.

▼

VOR DEM PFERD

Auch beim Vorführen auf der Dreiecksbahn müssen Sie Ihr Pferd auf Trense den Richtern vorstellen.
Für die Präsentation im Stand halten Sie das Pferd an. Dann stellen Sie sich einen halben Meter vor Ihr Pferd, das Ihnen hoffentlich ruhig und entspannt gegenübersteht.
Nun nehmen Sie die Zügel in beide Hände und halten diese etwa schulterbreit auseinander vor sich. Das Zügelende kommt in die linke Hand.
Achten Sie darauf, ob von den Richtern eine offene oder geschlossene Beinstellung des Pferdes gefordert wird. Offen bedeutet, dass die Richter alle vier Beine einzeln sehen können. In diesem Fall sind die den Richtern zugewandten Pferdebeine geöffnet, stehen also weiter auseinander als die von den Richtern abgewandten.

Um die Stellung zu korrigieren, dirigieren Sie das Pferd einen halben oder ganzen Schritt nach vorn. Das können Sie auch machen, solange Sie die Zügel noch nicht korrekt aufgeteilt haben.

Besondere Vorsicht

Achten Sie darauf, dass das Pferd nicht in oder auf die Zügel tritt, vor allem, wenn Sie mit offenen Zügeln führen. Machen Sie keine ruckartigen oder heftigen Bewegungen mit den Zügeln, damit Sie Ihrem Pferd keine Schmerzen verursachen. Denken Sie daran, dass es das Gebiss im Maul hat!

▲

FÜHREN

Die Zügelhaltung beim Führen ist die gleiche wie beim Stehen neben dem Pferd: die Zügel liegen in der rechten Hand zwischen Zeige- und Mittelfinger und die restlichen Zügel gefaltet in der der linken Hand. Nehmen Sie, falls nicht anders gefordert, die normale Führposition neben dem Pferd ein. Schauen Sie nicht zum Pferd oder auf den Boden, sondern immer in Führrichtung. Nehmen Sie Ihr Pferd nicht zu kurz, lassen Sie ihm auch beim Führen mit Trense genügend Bewegungsfreiheit.
Und bei einer Prüfung dürfen Sie ruhig lächeln, das zeigt, dass nicht nur Ihr Pferd entspannt ist, sondern auch Sie.

Training mit Pylonen

Es gibt verschiedene Übungen, die die Geschicklichkeit des Pferdes erhöhen, seine Aufmerksamkeit und Körperwahrnehmung fördern und es am Boden so weit ausbilden, dass auch der Reiter profitiert. Beim Führen durch Ecken oder auf Volten in größeren und kleineren Kreisen kann man ein Pferd gymnastizieren. Pylonen bieten optische Anhaltspunkte, die die Präzision der Übungen erhöhen. Sie helfen aber nicht nur in den Kurven, sondern auch beim Einhalten gerader Linien.

VOLTE IN DER ECKE

Sie stellen eine Pylone im Abstand von ca. zwei bis drei Metern in eine Ecke. Führen Sie das Pferd von der langen Geraden in die Ecke hinein, dort verlagern Sie Ihre Führposition von der Kopf-/Halsposition auf Höhe des Widerrists und führen das Pferd auf eine Volte. Je nach Größe Ihres Pferdes und seinem Ausbildungsstand hat die Volte einen Durchmesser von sechs bis acht Metern. Achten Sie auf das Tempo, passen Sie sich nicht dem Tempo Ihres Pferdes an. Da es den größeren Außenbogen beschreibt, muss es etwas schneller gehen!

VOLTE AN DER SEITE

Wenn sich das Pferd schön gebogen durch die Ecke führen lässt, steigern Sie den Schwierigkeitsgrad: Führen Sie eine Volte an der Mitte der langen Seite. Damit die Volte wirklich rund wird und Sie überprüfen können, ob Ihr Pferd sich gleichmäßig biegt, markieren Sie den Mittelpunkt der Volte mit einer Pylone. Variieren Sie die Größe der Volte, aber machen Sie den Kreis nur so eng, wie Ihr Pferd ihn ausbalanciert bewältigen kann. Das Pferd soll nicht auf die innere Schulter fallen und sich auch im Hals nicht überstellen. Achten Sie darauf, dass Sie sich selbst mit Schultern und Hüfte gut in die Wendung drehen.
Noch besser gelingt die Kreisbahn, wenn Sie nicht aufs Pferd schauen, sondern den Blick in die Bewegungsrichtung lenken.

VARIANTEN

Stellen Sie zwei Pylonen in einem gewissen Abstand auf. Nun überraschen Sie Ihr Pferd mit weiteren Varianten: Sie können um die erste Pylone eine Volte führen, dann gehen Sie weiter zur nächsten Pylone und führen erneut eine Volte. Die Stellung des Pferdes bleibt dabei erhalten. Genauso können Sie aber Stellung und Biegung auch wechseln: Führen Sie eine Acht um beide Pylonen! Achten Sie darauf, dass beide Bögen der Acht symmetrisch und gleich groß werden.

Slalom um Pylonen

Beim Slalom um mehrere Pylonen ist es wichtig, dass Ihr Pferd dicht bei Ihnen bleibt und aufmerksam auf Richtungsänderungen und Tempiwechsel reagiert. Je nach Größe des Pferdes müssen die Pylonen weiter oder enger aneinanderstehen. Versuchen Sie einen Abstand von vier bis fünf normalen Schritten zwischen den Pylonen, danach können Sie bei Bedarf die Abstände korrigieren. Achten Sie auf genügend Abstand zu Zaun oder Bande.

▲

VIER PYLONEN

Beim Slalom bewegt sich das Pferd im Wechsel gestellt und gebogen um die Pylonen. Sie führen das Pferd in einer Position zwischen Kopf und Schulter. In der rechten Hand halten Sie den Führstrick, mit der linken Hand geben Sie dem Pferd in Augenhöhe ein Signal zum Weichen (wie beim Weichen um die Hinterhand). Gehen Sie erst langsam durch die Slalomstrecke. Rechts – links – rechts – links. Dann gönnen Sie Ihrem Pferd ein wenig Ruhe und probieren es erneut. Gebogene Linien sind immer eine Herausforderung für das Pferd.

TEMPO VARIIEREN

Allmählich können Sie das Tempo auf ein normales Maßerhöhen, ohne dabei eilig zu werden.

Idealerweise geht Ihr Pferd entspannt mit leicht gesenktem Kopf und Hals neben Ihnen her. Es soll immer in der Balance bleiben. Ihr Oberkörper ist leicht zum Pferd gewandt.

Entscheidend ist, dass Sie Ihren Körper deutlich in die neue Bewegungsrichtung wenden, wenn Sie um die Pylone herumgehen. Mit der Gerte oder dem Seilende können Sie das Pferd an der Hinterhand motivieren, schneller zu werden.

KÖRPERSPRACHE

Meist gelingt die Wendung auf die Seite besser, auf der der Mensch innen geht. Hier genügt häufig ein leichtes Signal am Führstrick und das Pferd wendet zum Menschen hin ab. Achten Sie darauf, nicht am Strick zu ziehen.

Geht der Mensch außen, muss die Wendung deutlicher eingeleitet und gegebenenfalls auch mit einem Stimmsignal unterstützt werden. Schicken Sie das Pferd mit klaren Zeichen von sich weg, drehen Sie ihm die Schulter zu.

Wichtig ist auch, dass das Pferd sein Tempo dem Menschen anpasst: Es muss schneller gehen, wenn der Mensch innen ist, und langsamer, wenn sich der Mensch in der Außenkurve befindet.

In den Slalom schicken

Sind Sie mit Ihrem Pferd ein gutes Slalom-Team, können Sie die nächste Schwierigkeitsstufe ausprobieren: In diesem Fall gehen Sie nicht mit um die Pylonen! Sie bleiben auf der linken Seite der Pylonen und gehen nur geradeaus, während Sie Ihr Pferd im Slalom um die Hütchen schicken. Hier kommt es auf Ihre Führungsqualität an!

SIGNALE

Zu Beginn führen Sie Ihr Pferd mit mehr Abstand und längerem Seil um die Pylonen. Strecken Sie den rechten Arm aus, damit Ihr Pferd nach rechts weicht und (ohne Sie) um die erste Pylone geht.

Dann wenden Sie Ihren Körper leicht ab, damit es wieder durch die Pylonen zu Ihnen kommt. Achten Sie darauf, dass Sie Ihr Pferd nicht zu sich ziehen! Ihre Signale müssen zu Beginn fast übertrieben deutlich sein, dann reduzieren Sie sie wieder.

Für Fortgeschrittene

Der Slalom um Pylonen fördert die Konzentration von Mensch und Pferd. Damit Ihr Pferd die Aufgabe meistern kann, sollten Sie vorher gutes Führen geübt haben. Es muss auf Ihre Körpersprache reagieren und auf Handzeichen achten. Wenn Sie die Hand, mit der Sie das Pferd führen, ausstrecken, so bedeutet dies „weg von mir", nehmen Sie die Hand zu sich heran, so bedeutet das „komm her zu mir".

SCHULTERPOSITION

Wichtig ist die Position Ihrer Schultern: Sind Ihre Schultern dem Pferd zugewandt, wird es von Ihnen weg gehen. Geben Ihre Schultern und damit Ihre Körperfront quasi den Weg frei, folgt Ihnen das Pferd.

Nach einiger Zeit brauchen Sie nur noch minimale Handzeichen oder Körperdrehungen, um Ihr Pferd durch die Slalomstrecke zu führen. Üben Sie wirklich gut, dann können Sie später auch frei, also ohne Halfter und Strick, mit Ihrem Pferd arbeiten. Sie werden schon bald merken, dass Ihr Pferd nicht nur bei der Arbeit, sondern auch im täglichen Umgang viel aufmerksamer und besser auf Ihre Signale reagieren kann. Kommunikation und Feinabstimmung werden so immer genauer.

Traben auf gerader Linie

Pylonen eignen sich auch wunderbar, um das Traben auf gerader Linie zu üben. Bauen Sie eine Gasse aus Pylonen auf, die in einem Abstand von etwa einem Meter stehen. Sie geben dem Pferd eine Begrenzung und Ihnen eine Orientierung. Das Üben zahlt sich aus, denn diese Aufgabe ist Bestandteil vieler Prüfungen. Und sie ist bei Weitem nicht so einfach, wie manche Pferdebesitzer meinen.

◄ DURCH DIE GASSE

Lassen Sie sich einmal beim Führen auf gerader Linie filmen. Vielleicht werden Sie erkennen, dass doch nicht alles so gerade ist, wie Sie denken. Eine Begrenzung hilft Ihnen und Ihrem Pferd, wirklich geradeaus zu laufen.

Bauen Sie aus zwei Reihen Pylonen eine Gasse und führen Sie das Pferd im Schritt einige Male hindurch, damit es sich daran gewöhnen kann. Achten Sie darauf, Ihre Führposition konstant einzuhalten. Blicken Sie selbst nach vorne.

Funktioniert die Übung im Schritt sicher, steigern Sie die Anforderungen und versuchen es im Trab. Ziel ist, dass das Pferd auf schnurgerader Linie mit Ihnen durch die Gasse trabt, ohne zu schwanken oder die Pylonen umzuwerfen.

Klappt auch das gut, können Sie die Abstände der Pylonen vergrößern. Versuchen Sie dennoch, die gerade Linie zu halten. Schauen Sie nicht vor sich auf den Boden, sondern nach vorne. Lassen Sie das Seil dabei locker, damit Sie das Pferd nicht in der Balance stören.

MIT EINER REIHE

Sobald Sie das Gefühl haben, dass Sie die Übung gut bewältigen, können Sie die zweite Reihe der Pylonen weglassen. Nun traben Sie nicht mehr durch eine Gasse, sondern nur noch an einer Reihe Pylonen entlang. Lassen Sie Ihr Pferd aber noch immer an der Seite mit den Pylonen laufen. Somit haben Sie eine offene Seite.

Diese Übung hört sich leichter an, als sie ist. Mit der Bande als Begrenzung klappt das meist noch recht gut, steht die Pylonenreihe aber in der Bahnmitte, werden viele Linien schief.

OHNE BEGRENZUNG

Wenn Ihr Pferd an einer Reihe Pylonen vorbei in einer geraden Linie mit Ihnen trabt, dann nehmen Sie auch die letzten Pylonen weg. Fortgeschrittene traben nun auf freier Linie gerade, taktklar und ohne dabei zu schwanken!

Nun können Sie in der Bahn üben, auf der Mittellinie gerade auf einen Punkt zuzulaufen. Ihr Pferd sollte ganz entspannt und locker neben Ihnen herlaufen und nicht zur Seite ausweichen. Auch das anschließende ruhige Stehenbleiben sollte gut funktionieren.

Hat das Pferd gelernt, wirklich schnurgeradeaus zu gehen, kann es dies auch unter dem Reiter – zum Beispiel beim korrekten Einreiten und Grüßen der Richter in einer Prüfung.

Training mit Stangen

Fortgeschrittene haben meist viel Spaß am Geschicklichkeitstraining mit Stangen. Ebenso wie Pylonen kann man Stangen nutzen, um eine Aufgabe klarer zu machen (zum Beispiel beim Schenkelweichen über eine Stange). Es lassen sich aber auch ganz unterschiedliche Hindernisse legen, die die Achtsamkeit und die Flexibilität des Pferdes fördern. Ungenauigkeiten werden sofort deutlich, weil das Pferd dann gegen oder über die Stangen tritt.

GENAU HINSCHAUEN

Manche Pferde zögern, wenn sie über Stangen treten sollen, oder versuchen, diese besonders eilig zu überwinden. Andere werden unsicher und beginnen, unruhig hin- und herzutreten. Achten Sie immer darauf, Ihrem Pferd so viel Seilfreiheit zu geben, dass es den Kopf gut drehen und die Stangen auch betrachten kann. Lassen Sie es ruhig auch einfach nur zwischen den Stangen stehen oder diese beschnuppern. Das schafft Sicherheit.

GRENZEN

Stangen bilden ebenso wie Pylonen einen optischen Anhaltspunkt für Pferd und Reiter. Mehr noch: Sie geben eine klare Grenze vor, innerhalb der sich das Pferd bewegen soll. Übt man zum Beispiel eine Vorhandwendung innerhalb von Stangen, bemerkt man sofort, ob die Vorhand an derselben Stelle bleibt oder ob sich das Pferd doch nach vorne oder hinten bewegt.

Stangenarbeit bringt nicht nur Abwechslung ins Training, sondern vermittelt dem Pferd auch schnelle Erfolgserlebnisse. Das Überwinden der kleinen Hindernisse aktiviert nicht nur seinen Körper, sondern auch seinen Geist. Es lernt, Vertrauen zu haben und nachzudenken, es wird sensibler, selbstbewusster und überwindet ganz ohne Stress und Druck Ängste.

FÜR REITER

Alle Fähigkeiten, die Ihr Pferd bei der Bodenarbeit erwirbt, können Sie später auch als Reiter wunderbar nutzen. Das Pferd lernt, besser im Gleichgewicht zu sein, sich korrekt zu biegen und zu dehnen. Nervöse Pferde werden oft ruhiger, Pferde, die bisher keine Lust an der Arbeit hatten, werden wieder interessierter. Bodenarbeit ist viel mehr als nur „Spaß und Spielerei".

Basisübungen

Schon mit einer Stange können Sie eine ganze Reihe verschiedener Übungen ausprobieren. Legen Sie zum Beispiel eine Stange auf den Boden und führen Sie Ihr Pferd einige Male von jeder Seite vorwärts über die Stange. Wichtig ist, dass die Bewegung flüssig bleibt, das Pferd soll nicht aus dem Rhythmus kommen oder zögern. Es soll seine Beine aktiv anheben und konzentriert über die Stange gehen, ohne anzustoßen oder zu stolpern.

SCHRITTWEISE

Führen Sie Ihr Pferd nur mit den Vorderbeinen über die Stange und lassen Sie es einen Moment stehen. Dann lassen Sie auch die Hinterbeine über die Stange treten und bleiben wieder stehen. Loben Sie Ihr Pferd und probieren Sie es anschließend ein weiteres Mal aus. Diese Übung ist recht einfach, aber sie schult das Körpergefühl Ihres Pferdes.

Um es etwas schwieriger zu gestalten, gehen Sie in der nächsten Übung Schritt für Schritt über die Stange. Das bedeutet, dass Sie Ihr Pferd nur mit jeweils einem Huf über die Stange treten lassen und dann anhalten. Das erfordert von Mensch und Pferd deutlich mehr Konzentration. Sie müssen Ihr Pferd rechtzeitig stoppen und wieder kontrolliert antreten lassen. Das Pferd lernt, schon auf subtile Signale zu reagieren und ganz genau darauf zu achten, was Sie von ihm möchten.

Manchmal ist zu beobachten, wie Pferde beinahe fragend einen Huf anheben und warten, ob sie den nächsten Schritt nun machen sollen oder doch eher nicht.

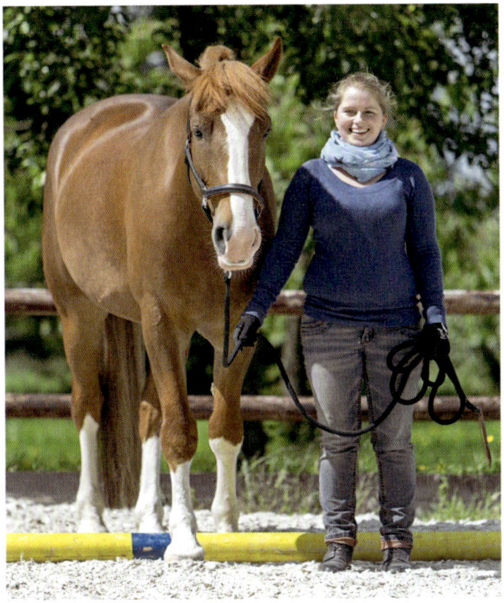

FEIN ABGESTIMMT

Probieren Sie aus, wie viel oder wenig Hilfengebung für diese Übung notwendig ist. Tritt Ihr Pferd mit einem Vorderhuf über die Stange, lassen Sie es einen Moment stehen, dann folgt der zweite Vorderhuf. Loben Sie das Pferd.

Die meisten Pferde treten mit den Vorderbeinen Schritt für Schritt, dann aber sofort mit beiden Hinterhufen über die Stange. Beginnen Sie in diesem Fall von vorne: erst die Vorderbeine, kleine Pause, dann die Hinterbeine, Huf für Huf. Lassen Sie sich Zeit. Fangen Sie bitte nicht an, Ihr Pferd zu korrigieren, indem Sie es vorwärts- und rückwärtsschieben, sondern beginnen Sie immer wieder geduldig von Neuem.

RÜCKWÄRTS

Wenn es Huf für Huf vorwärts über die Stange klappt, dann ist die nächste Schwierigkeitsstufe „Rückwärts".
Beginnen Sie damit, Ihr Pferd mit den Vorderbeinen über die Stange treten zu lassen. Dann gehen Sie mit Ihrem Pferd rückwärts, so wie Sie es im Führtraining gelernt haben. Erst wenn dies problemlos klappt, lassen Sie es auch mit der Hinterhand über die Stange treten und richten es dann zurück.

Auch hier können Sie den Schwierigkeitsgrad steigern und die Übung weiter verfeinern, indem Sie Ihr Pferd Schritt für Schritt rückwärts über die Stange schicken. Es soll die Beine achtsam anheben und nicht irgendwie darübergehen!

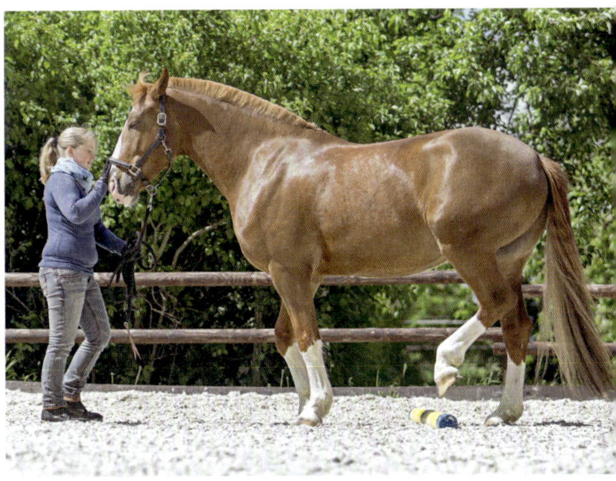

Stangenhindernisse

Kleine Stangenhindernisse sind schnell aufgebaut. Üben Sie zum Beispiel, Ihr Pferd seitwärts über die Stange zu schicken. Aber Achtung: Manche Pferde sind ängstlich, weil sie nicht sehen können, wo genau die Stange unter ihrem Bauch liegt. Schauen Sie also genau hin, wie Ihr Pferd reagiert und seien Sie geduldig. Sie können von der Seite im Schenkelweichen an die Stange herantreten oder das Pferd mit den Vorderbeinen über die Stange führen und dann mit der Übung beginnen.

SEITWÄRTS

Die Stange liegt mittig unter dem Bauch des Pferdes.

Stellen Sie Ihr Pferd durch leichte Impulse am Halfter entgegen der Bewegungsrichtung. Sie drehen ihm beide Schultern zu, gehen selbst vorwärts und schicken es mit leichten Impulsen seitwärts über die Stange. Um auch auf die Hinterhand einwirken zu können, stehen Sie am besten auf Höhe des Gurtbereiches. Achten Sie darauf, auch die Hinterhand zu bewegen.

Anfangs reichen zwei bis drei gute Tritte zur Seite, es muss nicht sofort die komplette Länge der Stange sein. Steigern Sie die Anforderungen in dem Maß, wie Ihr Pferd sie meistern kann. Beenden Sie die Übung lieber früh und nach einer guten Sequenz, als zu lange zu üben. Das zählt mehr als viele Wiederholungen, denn oft wird die Übung dann zäh, das Pferd mag nicht mehr, sie korrigieren ständig und man kommt zu keinem guten Ende.

Hat Ihr Pferd Angst, können Sie es auch vor der Stange seitwärts weichen lassen.

STANGEN-L

Eine schöne Übung ist das Stangen-L. Sie brauchen vier Stangen, die in ausreichendem Abstand als doppeltes L gelegt werden. Je weiter auseinander die Stangen sind, desto einfacher wird es für das Pferd. Führen Sie Ihr Pferd langsam und konzentriert durch das L. Es soll nicht mit den Hufen an die Stangen stoßen!

Klappt das, können Sie es auch rückwärts versuchen: Sie stellen sich vor Ihr Pferd und schicken es nach hinten durch das Stangen-L. Geben Sie nur leichte Impulse am Seil oder an der Nase Ihres Pferdes, meist weicht es dann schon. Machen Sie sich groß und blicken Sie in die Richtung, in die das Pferd treten soll. Gehen Sie langsam, halten Sie vor der Ecke!

DIE SCHWIERIGE ECKE

Um Ihr Pferd nun rückwärts um die Ecke zu dirigieren, führen Sie seinen Kopf ein wenig in die entgegengesetzte Richtung: Soll Ihr Pferd nach links um die Ecke treten, biegen Sie den Kopf leicht nach rechts. Damit erreichen Sie, dass Ihr Pferd mit der Hinterhand nach links ausweicht und um die Ecke tritt.

Kontrollieren Sie beim Rückwärtsrichten Vor- und Hinterhand sorgfältig, damit das Pferd nicht an die Stangen stößt und verunsichert wird. Loben nicht vergessen!

Das Labyrinth

Für ein Labyrinth legen Sie aus sechs Stangen zwei U's ineinander. Das Führen im Labyrinth erfordert eine feine Abstimmung der Signale und schult das Gleichgewicht des Pferdes und auch seine Fähigkeit zur Längsbiegung. Koordination und Konzentration werden verbessert. Achten Sie bitte darauf, dass die Stangen weit genug auseinanderliegen, damit das Pferd ohne anzustoßen die Ecken bewältigen kann.

▲

VORWÄRTS

Wenn Sie vorwärts durch das Labyrinth gehen, stehen Sie in der ersten Führposition auf Höhe von Kopf oder Hals des Pferdes. Führen Sie das Pferd ruhig in die Stangengasse, halten Sie es nach einigen Schritten an und gehen Sie dann flüssig um die Kurve. Danach stoppen Sie wieder. Geben Sie Ihrem Pferd Zeit zum Nachdenken und Fühlen. In den Kurven wechseln Sie Ihre Position, je nach Biegung, zur Schulter hin. So lernt das Pferd punktgenaues Antreten und Anhalten. Das Pferd biegt sich gleichmäßig auf beiden Seiten.

RÜCKWÄRTS

Fortgeschrittene meistern das Labyrinth rückwärts. Sie stehen vor Ihrem Pferd und schicken es langsam und dosiert zurück. Das Pferd soll nicht selbständig losgehen, sondern auf Ihre Signale warten. Denken Sie daran, in den Ecken – Schritt für Schritt – sehr klar zu sein. Möchten Sie die Hinterhand nach rechts bewegen, stellen Sie den Kopf des Pferdes leicht nach links, wie schon im Stangen-L geübt.

Es ist gut, wenn Ihr Pferd darüber nachdenkt, wie es seine Beine setzt, und nicht über die Stangen hinaustritt.

SEITWÄRTS

Seitwärts können Sie das Pferd ein U nach rechts und das andere U nach links gehen lassen. Auch hier ist die Ecke am schwierigsten. Je nachdem, wie Ihr Pferd steht, muss entweder die Vorhand oder die Hinterhand stehen bleiben bzw. einen Bogen gehen. Geben Sie ruhige Signale auf Höhe der Schulter.

Nach einem Durchgang gönnen Sie Ihrem Pferd eine Ruhepause! Diese Übung erfordert viel Konzentration und ist daher sehr anstrengend.

Hoch und Tief

Viele Pferde gehen eher unaufmerksam, heben ihre Beine nicht richtig an und achten nicht darauf, wohin sie treten. Das kann man beispielsweise trainieren, indem man Hindernisse in verschiedenen Höhen aufbaut. Dadurch muss das Pferd stärker darauf achten, wie es seine Tritte setzt. Außerdem beeinflusst diese Arbeit häufig die Rückentätigkeit positiv.

▲

TRITTSICHERHEIT

Bauen Sie ein kleines Hindernis mit drei Springständern und drei Stangen auf. Die Abstände zwischen den einzelnen Stangen liegen bei 80 bis 90 Zentimetern im Schritt und 120 bis 140 Zentimetern im Trab.

Sie legen die Stangen so, dass ein Ende auf dem Boden und das andere Ende in 30 bis 50 Zentimetern Höhe liegt. Die nächste Stange wird versetzt platziert. So entsteht ein „Hoch und Tief“.

Haben Sie keine Springständer, können Sie die Stangen zum Beispiel auch auf Strohballen legen.

MITTIG

Gehen Sie mittig und in gerader Linie auf die Stangen zu. Führen Sie das Pferd in der ersten Führposition zwischen Kopf und Hals. Achten Sie darauf, dass die Schritte vor und über dem Hindernis taktklar und rhythmisch bleiben.

Das Pferd soll weder mit den Vorder- noch mit den Hinterbeinen an die Stangen stoßen. Viele Pferde senken den Kopf, um sich diesen Stangensalat näher anzuschauen. Lassen Sie das Pferd gewähren.

Üben Sie zuerst im Schritt und, wenn Sie Lust haben, auch im Trab.

▲

RECHTS UND LINKS

Um es etwas schwieriger zu gestalten, gehen Sie ein wenig mehr rechts oder links über die Stangen. Nun muss das Pferd aufpassen, denn die Stangen liegen im Wechsel höher und niedriger. Das schult seine Achtsamkeit, sein Körpergefühl und verbessert seine Fähigkeit, Hindernisse einzuschätzen. So fördern Sie eine gute Auge-Huf-Koordination!

Sie werden rasch merken, wie aufmerksam Ihr Pferd wird. Achten Sie darauf, dass der Rücken aktiv schwingt und es Kopf und Hals nicht zu hoch nimmt.

Natürlich können Sie solche Übungen mit genügend Routine später auch vom Pferd aus probieren, sowohl im Schritt als auch im Trab.

Stangenfächer

Beim Stangenfächer benötigen Sie einen Mittelpunkt, zum Beispiel einen Hindernisständer, und legen darauf sternförmig mehrere (mindestens aber drei) Stangen. Achten Sie darauf, dass die Stangen nicht zu leicht wegrollen. Zur Not können Sie die Stangen auch flach als Fächer auf den Boden legen. Bei dieser Übung lernt das Pferd, Abstände und Höhen einzuschätzen, die Schrittlänge anzupassen und seine Beine besser zu koordinieren.

▲

GEBOGEN ÜBER STANGEN

Führen Sie das Pferd auf der Zirkellinie gebogen über die Stangen. Sie können einmal weiter innen, das andere Mal weiter außen über die Stangen steigen. So muss sich das Pferd auf wechselnde Höhen einstellen. Führen Sie es ganz außen über die Stangen, muss es zwar seine Beine nicht sehr anheben, dafür seine Schrittlänge anpassen, da hier die Stangen am weitesten auseinander sind.

Gehen Sie zuerst mit dem Pferd über die Stangen und steigen Sie ruhig auch etwas betont darüber. Der Fokus des Pferdes soll auf die Stangen gerichtet sein! Ziel ist es, eine Runde ohne anzustoßen zu bewältigen. Trainieren Sie beide Richtungen, damit das Pferd sich beidseitig biegt.

▲

FÜHRPOSITIONEN

Achten Sie auf Ihre Führposition: Zu Beginn der Übung führen Sie in der ersten Führposition zwischen Hals und Schulter des Pferdes.

Je nachdem, wie herum Sie gehen, können Sie selbst außen oder innen über die Stangen gehen oder auch auf der rechten Seite des Pferdes führen, wenn Sie den Außenkreis beibehalten wollen.

▼

ACHTUNG HINTERHAND

Oft geht das Pferd mit den Vorderbeinen sehr gut über die Stangen, „vergisst" aber seine Hinterhand regelrecht und stößt damit an die Stangen. Vielleicht hat das Pferd kein gutes Bewusstsein für seinen Körper, dann profitiert es sehr von der Arbeit im Stangenfächer. Manchmal hilft es, die Hufwand vor der Übung mit der Gerte abzuklopfen, das stärkt das Körpergefühl und erdet das Pferd.

Das Pferd schicken

Bei einer Gelassenheitsprüfung (GHP) gehen Sie als Pferdehalter außerhalb des Fächers und schicken das Pferd auf der Innenseite über die Stangen. Dabei darf das Pferd die Stangen nicht berühren und auch seine Zirkellinie nicht verlassen. Die Gerte kann Ihnen dabei helfen, dass das Pferd seinen Abstand beibehält.

Engpass

Ich bin kein Freund der Führposition vor dem Pferd, da man das Pferd nicht in seinem Sichtfeld hat und sich darin ein Gefahrenpotential verbirgt. Man bekommt nicht mit, was im Pferd vorgeht und muss sich darauf verlassen, dass das Pferd den Menschen respektiert und ihn nicht anrempelt. Aber es gibt Situationen, in denen diese dritte Führposition sinnvoll sein kann, beispielsweise beim Führen durch Engpässe.

VORSICHT

Beim Üben auf dem Platz gilt: Ehe man diese Art des Führens wählt, sollte das Pferd so weit ausgebildet sein, dass es weder drängelt noch hinterhertrödelt oder hektisch wird. Es muss gelernt haben, einen Abstand zum Menschen einzuhalten. Haben Sie mit Ihrem Pferd ein gutes Führtraining absolviert, dürfte das Führen vor dem Pferd kein Problem sein.

Dennoch birgt es immer ein Restrisiko: Erschrickt sich das Pferd aus irgendeinem Grund, wird es immer den Drang haben, nach vorne wegzustürmen! Und genau dort stehen Sie und bemerken das Geschehen womöglich zu spät.

Bitte verwenden Sie die Führposition vor dem Pferd daher nur in den besonderen Fällen, in denen es Ihnen nicht möglich ist, neben Ihrem Pferd zu gehen.

ÜBEN

Ihr Pferd sollte in der Lage sein, Sie genau zu beobachten und fein auf Ihre Signale zu reagieren. Wenn Sie in einem Engpass stehen bleiben müssen, muss auch Ihr Pferd sofort stehen bleiben.

Das können Sie im Führtraining üben. Legen Sie zum Beispiel zwei Stangen im Abstand von ca. zwei Metern auf den Boden und simulieren Sie so einen Engpass. Führen Sie Ihr Pferd hindurch. Hier können Sie zur Not immer seitlich ausweichen. Üben Sie auch, in diesem Engpass stehen zu bleiben.

Ist dem Pferd selbst dies schon unheimlich, legen Sie mit vier Stangen einen Trichter. So gewöhnen Sie auch ängstliche Pferde stressfrei an seinen Engpass, denn sie kommen von der weiten langsam zu einer engeren Stelle. Zu Beginn können Sie auch neben dem Pferd gehen, bis es entspannt ist und dann in die dritte Führposition vor dem Pferd wechseln.

▲

ABSTAND HALTEN

Auf einen Engpass treffen Sie im Alltag mit dem Pferd immer wieder – oft schon, wenn Sie das Pferd aus der Box herausholen oder durch eine enge Tür (zum Beispiel in die Reithalle etc.) führen.

Auch im Gelände kann es vorkommen, dass Sie an einer schwierigen Stelle absteigen und Ihr Pferd durch einen Engpass führen müssen.

Es ist wichtig, dass Ihr Pferd dann Distanz wart und genau auf Sie achtet. Üben Sie das Führen in der dritten Führposition, damit sie vorbereitet sind.

▼

Stangenkreuz

Mit vier Stangen bauen Sie ein Quadrat, wobei immer ein Ende der Stange auf dem Boden, das andere auf einer Stange liegt. So rollt das Hindernis nicht so leicht weg. Legen Sie die Stangen weit genug auseinander (je nach Länge der Stangen, am besten aber ca. zwei Meter). Dieses Stangenkreuz bietet verschiedene Möglichkeiten, Sie können also immer wieder für Abwechslung sorgen und sich an neue Aufgaben wagen.

GERADE DURCH DAS KREUZ

Führen Sie Ihr Pferd zunächst einfach durch das Kreuz hindurch. Achten Sie darauf, dass es gerade über die Stangen tritt und nicht ausweicht. Geben Sie ihm unbedingt genügend Raum, damit es die Stangen rechtzeitig erkennt.

Vielleicht zögert es beim ersten Mal, dann verringern Sie die Anforderungen und gehen Schritt für Schritt in das Kreuz hinein. Ziel ist aber, dass das Pferd zügig, ohne den Takt zu verlieren und ohne anzustoßen, über die Stangen tritt. Lässt es wie hier den Kopf ein wenig fallen, ist das gut.

▼

QUER DURCH DAS KREUZ

Von Ecke zu Ecke durch das Kreuz zu gehen ist etwas schwieriger, weil das Pferd genau aufpassen muss, wo es seine Hufe setzt. Manche Pferde werden dabei sehr unsicher, lassen Sie sich also Zeit.

Gehen Sie selbst neben den gekreuzten Stangen in das Viereck und wieder heraus. Das Seil ist lang, damit das Pferd sich das Hindernis anschauen kann. Sie können auch kurz anhalten, damit das Pferd sich die Stangen anschauen und nachdenken kann.

VOLTE ÜBER DAS KREUZ

Führen Sie eine Volte über eine Ecke des Stangenkreuzes. Ihr Pferd muss dabei auf die unterschiedlichen Höhen der Stangen achten und sich, ebenso wie beim Reiten einer Volte, biegen. Sie selbst stehen bzw. gehen in Höhe von Hals/Schulter des Pferdes.

Wenn Sie eine kleine Volte führen, dann brauchen Sie sich kaum zu bewegen, sondern drehen sich fast nur auf der Stelle. Achten Sie darauf, dass Sie das Seil locker in der Hand halten und das Pferd nicht zu kurz halten. Nehmen Sie Ihre Schultern mit in die Bewegung.

Führen Sie die Volte nach beiden Seiten. Wie bei fast allen Führübungen mit Seitenwechsel werden Sie sofort erkennen können, auf welcher Seite sich Ihr Pferd besser biegen kann. Fangen Sie immer mit der „guten" Seite an und üben Sie die „schlechte" Seite dafür etwas länger.

Vorführen auf der Dreiecksbahn

In manchen Situationen (zum Beispiel bei Zuchtschauen oder Abzeichenprüfungen) muss man das Pferd auf der sogenannten Dreiecksbahn vorführen, die aus Stangen gelegt wird. Hier wird auf die Zügelführung, das richtige Aufstellen des Pferdes vor den Richtern und die Aufstellung des Halters vor dem Pferd geachtet. Und es gibt ganz bestimmte Regeln und Vorgaben, die man kennen muss, um in der Prüfung alles richtig zu machen.

▲

REGELN BEIM VORFÜHREN AUF DER DREIECKSBAHN

- Das Pferd wird mit Trense vorgestellt, der Führende trägt Handschuhe. Beide Zügel werden zwei Handbreit hinter den Trensenringen gehalten und durch Zeige- und Mittelfinger geteilt.
- Die restlichen Zügelenden faltet man und legt sie in die linke Hand. Die Zügel werden nur in der rechten Hand gehalten!
- Das Pferd wird so vor dem Richter aufgestellt, dass er es aus ca. drei bis vier Metern Entfernung von der Seite betrachten kann.

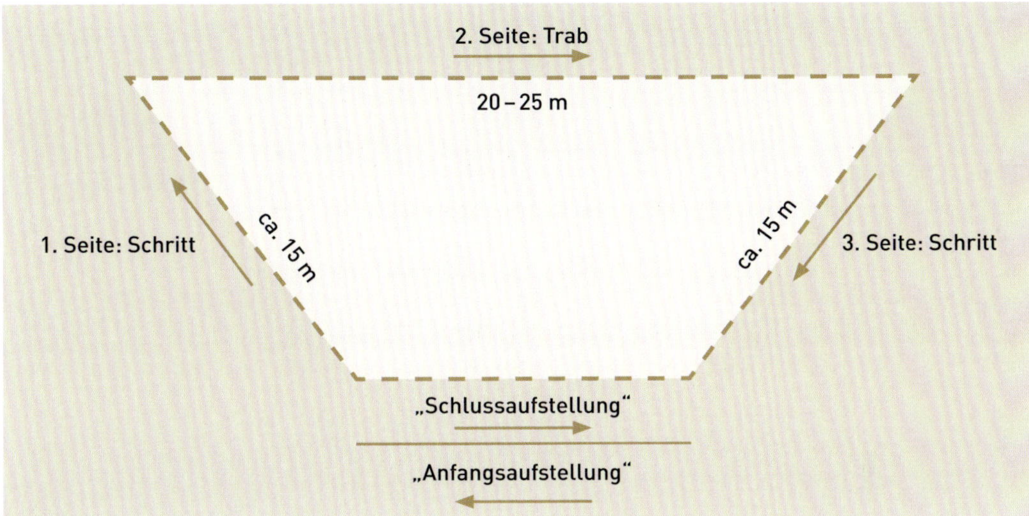

- Das Pferd steht „offen“. Dies bedeutet, dass die Beine zum Richter geöffnet sind und die abgewandten Beine geschlossen.
- Steht das Pferd richtig, tritt der Führende von der Schulterposition aus vor das Pferd. Wichtig: Mit dem rechten Fuß beginnen.
- Dann nimmt man die Zügel in beide Hände. Der rechte Zügel kommt in die linke Hand, der linke Zügel mit dem restlichen Zügelende liegt in der rechten Hand.
- Als Nächstes nennt man die Eckdaten des Pferdes: Name, Alter, evtl. Abstammung, Name des Reiters.
- Sobald die Richter dazu auffordern, tritt der Halter an die Schulter des Pferdes zurück, nimmt die Zügel wieder in die rechte Hand und führt das Pferd im Schritt auf die erste Wendemarke zu.
- Alle Wendungen werden grundsätzlich nach rechts geführt.
- Am nächsten Wendepunkt wieder nach rechts führen und antraben, kurz vor dem nächsten Wendepunkt zurück in den Schritt und dann nach rechts wenden.
- Im Schritt auf die Richter zugehen, an den Richtern vorbeiführen, noch eine Wendung nach rechts und wieder vor den Richtern halten.
- Das Pferd wieder „offen“ aufstellen, sodass die Richter das Pferd von der anderen Seite beurteilen können.

Gesamteindruck

Das Vorführen auf der Dreiecksbahn soll ruhig und harmonisch wirken. Das Pferd soll entspannt und zügig mit dem Halter gehen. Es soll ruhig und still stehen bleiben. Haben Pferd und Mensch ein gutes Führtraining absolviert und kennt der Führende die Regeln, steht einer erfolgreichen Vorstellung des Pferdes nichts im Weg.

Gelassenheitstraining

Beim Schreck- oder Gelassenheitstraining werden Pferde mit Situationen oder auch Geräuschen konfrontiert, die im Alltag vorkommen können. Sinn ist es, das Pferd zu desensibilisieren, vor allem aber das generelle Vertrauen zum Menschen aufzubauen. Das Pferd lernt, seinen Fluchtreflex zu überwinden. In Prüfungen wird auch darauf geachtet, dass Ihr Pferd ruhig und gelassen die Übungen mitmacht und es vertrauensvoll und konzentriert mit Ihnen geht.

EINFÜHLUNGSVERMÖGEN

Jedes Pferd ist anders. Das eine ist eher keck und neugierig, das andere gerät schon bei vermeintlichen Kleinigkeiten aus der Fassung. Deswegen gibt es auch nicht den einen richtigen Weg.

Schauen Sie, wie Ihr Pferd reagiert, seien Sie einfühlsam. Konfrontieren Sie es nicht der Reihe nach mit allen möglichen Schrecksituationen, sondern tasten Sie sich Schritt für Schritt heran.

MITEINANDER WACHSEN

Es ist ein gutes Gefühl, gemeinsam Schwierigkeiten zu meistern. Das stärkt das Miteinander und das Selbstvertrauen. Beim Schrecktraining lernt Ihr Pferd, gelassener auf Gefahrensituationen zu reagieren. Sie lernen, Ihr Pferd besser zu verstehen!

ENTSPANNEN

Pferde haben vor vielen Dingen Angst. Ihr erster Instinkt ist immer die Flucht. Es ist Aufgabe des Menschen, dem Pferd zu vermitteln, dass es Vertrauen haben kann und nicht bei jeder Gefahr auf dem Absatz kehrt machen muss. Er muss einschätzen, was er seinem Pferd zumuten kann und was (noch) nicht, und darüber nachdenken, wie er ihm Sicherheit vermitteln kann.

Pferde folgen nur dem Pferd oder dem Menschen, dem sie vertrauen können!

Regenschirm

Ein Regenschirm kann ganz schön furchterregend sein – er raschelt, ist groß und bunt. Deshalb zählt er zu den beliebtesten Schreckgegenständen in Gelassenheitsprüfungen. Und manchmal kann man ja bei einem Regenausritt tatsächlich auf Fußgänger samt Schirm treffen. Gewöhnen Sie Ihr Pferd also lieber daran.

ERSTE ANNÄHERUNG

Für die erste Annäherung an den Regenschirm nehmen Sie diesen in die Hand und lassen Ihr Pferd an dem noch geschlossenen Schirm schnuppern. Vielleicht traut es sich erst mal gar nicht heran. Lassen Sie ihm genügend Seil, damit es auch Abstand halten kann, und warten Sie ab. Irgendwann wird es sich ein Herz fassen und vorsichtig am Schirm schnuppern. Sie können hier auch mit Leckerli belohnen, wenn Sie möchten.

Ist die erste Unsicherheit überwunden, versuchen Sie mit dem geschlossenen Regenschirm, Ihr Pferd am Hals zu streicheln. Bleiben Sie dran, auch wenn es zurückweicht, aber schätzen Sie gut ein, wann es zu viel wird.

Haben Sie das Gefühl, Ihr Pferd ist entspannt, dann halten Sie den Schirm von sich weg (!) und lassen ihn (wenn möglich) aufschnappen. Achtung: Es kann sein, dass Ihr Pferd vor Schreck wegspringt.
Sie sollten unbedingt Handschuhe tragen, das Führseil lang lassen und darauf achten, dass es sich nie als Schlinge um Ihre Hand legt.

UNTER DEM SCHIRM

Im nächsten Schritt legen Sie den Regenschirm geöffnet auf den Boden und lassen Ihr Pferd selber an den Schirm herangehen. Auch hier bitte Vorsicht: Bewegt sich der Schirm unverhofft (bei Wind), erschrickt das Pferd möglicherweise und springt zur Seite. Berührt Ihr Pferd mit der Nase den Regenschirm, dann heben Sie ihn langsam hoch und stellen sich darunter. Bleibt Ihr Pferd auch hier gelassen, drehen Sie den Schirm leicht. So können Sie die Anforderungen Schritt für Schritt steigern.

DURCH DIE GASSE

In Gelassenheitsprüfungen muss man das Pferd oft durch eine Gasse aus Menschen mit Regenschirmen führen. Stellen Sie diese Situation zum Üben ruhig nach!

Legen Sie zwei Stangen als Gasse auf den Boden und bitten Sie zwei bis drei Personen, jeweils mit Regenschirm, sich im Abstand von zwei Metern entlang der Gasse aufzustellen. Sie führen nun Ihr Pferd mit lockerem Führseil durch.

Klappt das, können in einem weiteren Durchgang die Regenschirme geöffnet sein und danach auch geöffnet werden, während das Pferd vorbeigeht.

Die höchste Stufe der Gelassenheit hat Ihr Pferd erreicht, wenn es ruhig durch die Gasse geht, auch wenn die Regenschirme gedreht werden.

Ihre Helfer sollten mit Pferden vertraut sein, damit Sie einschätzen können, falls es brenzlig wird und das Pferd womöglich Angst bekommt.

Nicht übertreiben

Je öfter Sie ein Schrecktraining inszenieren, desto gelassener wird Ihr Pferd reagieren. Mit jeder bewältigten Situation wird auch sein Selbstbewusstsein steigen. Allerdings sollten Sie Ihr Pferd nicht überfordern! Wird es hektisch und nervös, dann gehen Sie einen Schritt zurück.

Klappersack

Ein Klappersack ist eine Tüte mit leeren Dosen. Hier machen sowohl die Plastiktüte als auch die leeren Dosen Geräusche! Man kann die Dosen aber auch in einen Sack aus Jute oder Stoff packen, dann ist er für manches Pferd nicht mehr ganz so furchterregend. Binden Sie den Sack mit einem Seil zu, dann können Sie ihn auch hinter sich herziehen.

KENNENLERNEN

Lassen Sie das Pferd am Klappersack schnuppern, ohne schon ein Geräusch zu erzeugen. Dann bewegen Sie den Sack leicht in der Hand. Erst wenn das Pferd sich entspannt, versuchen Sie, es mit dem Klappersack am Hals zu streicheln.

Hat das Pferd große Angst, können Sie den Klappersack auch auf den Boden legen und abwarten, ob sich Ihr Pferd dem Sack von alleine nähert. Hier hilft es manchmal, mit Futterlob (Leckerli) zu arbeiten.

KLAPPERN

Ihr Pferd findet den Klappersack gar nicht schlimm? Dann halten Sie ihn von sich weg und rappeln kräftig damit. Denken Sie daran, dass Ihr Pferd vor Schreck wegspringen kann. Bleibt es ruhig stehen, dann loben Sie es!

Bitten Sie dann einen Helfer, den Klappersack hinter sich herzuziehen, während Sie Ihr Pferd führen. Zwischen Ihnen und dem Helfer sollte etwas Abstand sein. Gehen Sie etwa auf Gurthöhe neben Ihrem Pferd und achten Sie auf seine Reaktionen.

GELASSENHEIT

Bleibt Ihr Pferd ruhig, können Sie den Klappersack auch selbst ziehen. Hier sieht man, dass Romeo völlig locker und entspannt ist.

Sie wollen noch mehr Ideen? Legen Sie eine Leiter auf den Boden. Der Helfer zieht den Klappersack über die Leiter, was durch den unebenen Boden natürlich viel stärkere Geräusche verursacht.

Probieren Sie geduldig aus, wie viel Geklapper Ihr Pferd erträgt, ohne Angst zu bekommen. Ist es ängstlich, reduzieren Sie die Anforderungen einfach wieder. Aber bleiben Sie dran, damit das Pferd lernt, damit umzugehen.

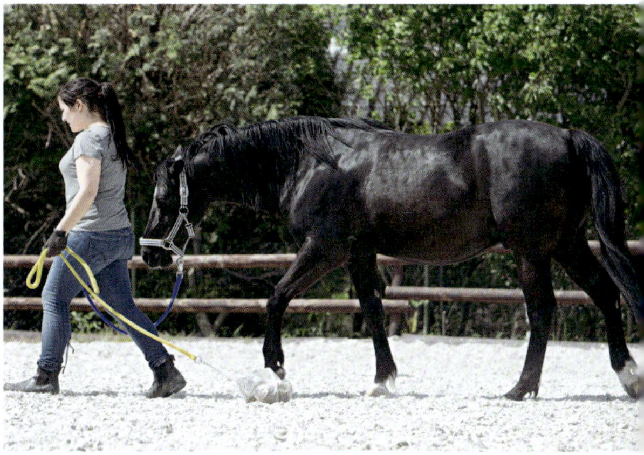

Plane

Das Training mit der Plane kann Ihnen sehr weiterhelfen, wenn Sie öfter im Gelände unterwegs sind, denn die Plane simuliert unbekannten Boden – einen Boden, der Geräusche machen kann (trockenes Laub, ...) oder sich bewegt (Wasser, ...). Nehmen Sie eine große und feste Plane, man bekommt sie zum Beispiel in Baumärkten. Achten Sie darauf, dass Sie Handschuhe tragen.

SCHNUPPERN

Legen Sie die Plane auf den Boden und beschweren Sie diese an den Rändern, sodass sie sich nicht durch den Wind bewegen kann. Dann führen Sie Ihr Pferd an die Plane heran und lassen es daran schnuppern. Achten Sie darauf, dass Sie nicht vor Ihrem Pferd gehen, sondern auf Hals- bzw. Schulterhöhe. Lassen Sie das Seil lang genug. Es kann durchaus sein, dass Ihr Pferd über die Plane springt! Seitlich mit genügend Abstand stehen Sie am sichersten!

ANNÄHERUNG

Ist Ihr Pferd eher vorsichtig, führen Sie es zuerst einige Male um die Plane herum. Sie gehen dabei möglichst entspannt auf der Plane, so vermitteln Sie Ihrem Pferd schon, dass es nichts Schlimmes ist. Leiten Sie Ihr Pferd so, dass es immer näher zur Plane kommt. Berührt Ihr Pferd die Plane, loben Sie es.

Schließlich führen Sie Ihr Pferd in einem großen Bogen auf die Plane zu, einfach so, als wäre die Plane gar nicht da. Verhalten Sie sich ganz selbstverständlich.

LOCKMITTEL

Folgt Ihnen Ihr Pferd nicht „aus Versehen" auf die Plane, können Sie es auch Schritt für Schritt darauf locken. Nutzen Sie ruhig Karotten, Äpfel oder Leckerli, um das Pferd zu motivieren.

Es kann dauern, aber nach einiger Zeit wird Ihr Pferd die Plane betreten, vielleicht auch ganz schnell darüberlaufen (achten Sie darauf, dass Sie nicht vor dem Pferd stehen!). Zwingen Sie es aber auf keinen Fall, auf die Plane zu gehen. So würde es nur lernen, gegen Sie zu kämpfen und sich zu widersetzen. Investieren Sie die Zeit lieber in eine gute Vorbereitung.

VERTRAUEN

Steht Ihr Pferd mit den Vorderhufen auf der Plane, lassen Sie es dort anhalten, bis es sich entspannt. Loben Sie Ihr Pferd. Dann führen Sie es weiter, bis auch die Hinterbeine auf der Plane stehen.

Nach einiger Zeit können Sie nun zusammen mit Ihrem Pferd flüssig über die Plane gehen und sogar mitten auf der Plane stehen bleiben. Es hat gelernt, seine Angst und seinen Fluchtinstinkt zu überwinden und wurde in seinem Vertrauen in Sie und Ihre Führungsqualitäten bestärkt.

Arbeiten Sie weiter an diesem positiven Verhalten, stärken Sie das Selbstbewusstsein Ihres Pferdes im besten Sinne. Vielleicht wird es sich eines Tages auch auf eine Plane legen.

Freuen Sie sich: Das ist ein großer Vertrauensbeweis!

Flattervorhang

Wenn sich etwas bewegt und dabei auch noch komische Geräusche macht, erscheint es den meisten Pferden furchteinflößend. Um dem Pferd die Angst vor solchen Objekten zu nehmen, kann man zum Beispiel mit einem Flatterbandvorhang trainieren. Dieser lässt sich leicht selbst bauen und vielseitig einsetzen. Bewältigen Sie diese Übung gemeinsam mit Ihrem Pferd!

SELBSTGEMACHT

Um einen Flatterbandvorhang selber zu bauen, können Sie beispielsweise zwei alte Besenstiele nehmen und diese an zwei Springständern befestigen. Zwischen den Stangen spannen Sie nun in ca. 2,30 bis 2,50 Metern Höhe ein Seil und binden daran Plastikstreifen von ca. 50 bis 60 Zentimetern Länge.

Alternativ können Sie auch einen Mückenschutzvorhang verwenden, die oft nach ähnlichem Prinzip gebaut sind.

Bei dieser Übung konfrontieren Sie Ihr Pferd gleich mit zwei potentiell gefährlichen Dingen: Es muss durch einen Engpass und die flatternden Bänder erscheinen bedrohlich. Bereiten Sie es gut auf diese Situation vor, auch damit Sie selbst nicht in Gefahr geraten.

Gehen Sie Schritt für Schritt vor. Finden Sie den Abstand heraus, bei dem Ihr Pferd unsicher wird und lassen Sie es selbst bestimmen, wann es sich zurückziehen will. Belohnen Sie jeden Fortschritt. Achten Sie darauf, in der neutralen Position zu bleiben, mit gutem Abstand zum Pferd zu stehen und das Seil lang genug zu lassen.

▲

STEHEN UND SCHAUEN

Gehen Sie zunächst einmal um den Vorhang herum, damit Ihr Pferd den furchterregenden Gegenstand betrachten kann. Passen Sie den Abstand zum Vorhang daran an, wie Ihr Pferd reagiert – ist es sehr ängstlich, bleiben Sie zunächst etwas weiter weg. Drängen Sie es nicht, um keine Fluchtreaktion zu provozieren.

Dann führen Sie es vorsichtig zum Flattervorhang. Schauen Sie, wie dicht Sie heran können, ohne dass Ihr Pferd unsicher wird. Bemerken Sie, dass das Pferd entspannt bleibt, wenden Sie ab und versuchen das nächste Mal, ob es sich noch dichter herantraut. So machen Sie allmählich Fortschritte. Achtung: Je leichter die Bänder sind, desto mehr flattern sie.

HINDURCH

War Ihre Vorbereitung gut? Dann gehen Sie zügig auf das Tor aus Flatterbändern zu und durchschreiten es.

Haben Sie das Vertrauen Ihres Pferdes schon gewonnen, wird es vielleicht sofort mit Ihnen durch das Tor gehen. Zögert es aber oder bleibt stehen, lassen Sie ihm einen Moment Zeit und fordern es dann erneut auf, Ihnen zu folgen.

Manchmal hilft es auch, wenn ein Helfer die Flatterbänder zunächst etwas zur Seite hält oder Sie die Bänder zusammenbinden.

Achtung: Es ist möglich, dass Ihr Pferd durch das Tor stürmt. Denken Sie daran, Handschuhe zu tragen und bleiben Sie nicht direkt hinter dem Vorhang, sondern seitlich stehen.

▼

Verladetraining

Jedes Pferd sollte sich ruhig und gelassen verladen lassen. Das kann lebensrettend sein, zum Beispiel wenn das Pferd aufgrund einer Verletzung in die Tierklinik gebracht werden muss. Üben Sie daher, wenn Sie nicht unter Zeitdruck stehen. So können Sie das Pferd in Ruhe Schritt für Schritt an das Verladen gewöhnen.

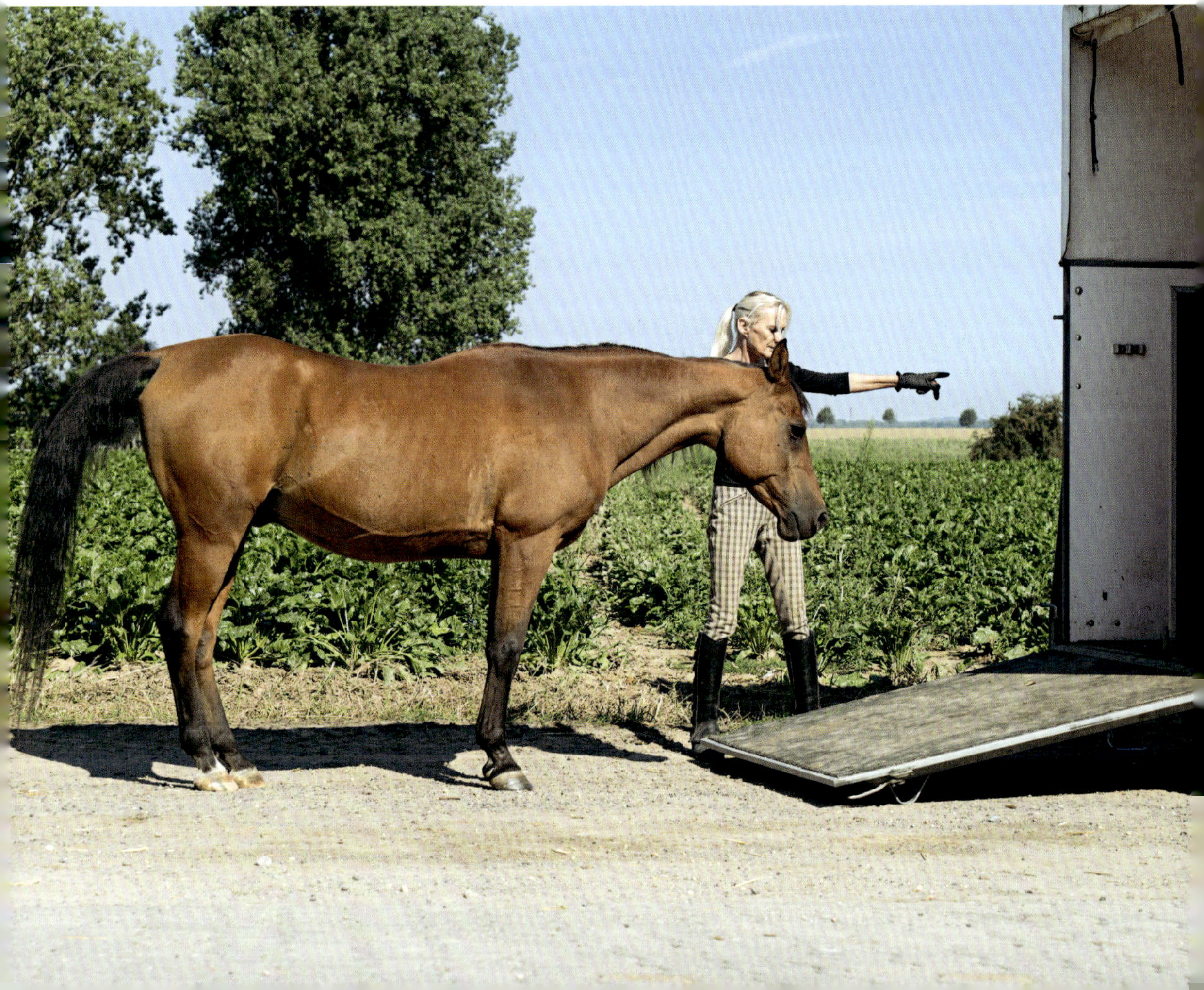

Vorbereitung

- Der Hänger muss an einem Zugfahrzeug (PKW) befestigt werden – üben Sie niemals mit einem freistehenden Hänger, da er nach hinten kippen könnte, wenn das Pferd die Rampe betritt.
- Beim Zugfahrzeug die Handbremse anziehen!
- Prüfen Sie, ob die Anhängerkupplung richtig eingerastet ist.
- Die Verschlusshaken der heruntergelassenen Rampe müssen völlig verdeckt sein, sonst besteht Verletzungsgefahr.
- Ziehen Sie Ihrem Pferd ein stabiles Halfter und Transportgamaschen an.
- Tragen Sie feste Schuhe und Handschuhe.

BEIM EINLADEN

Führen Sie Ihr Pferd möglichst gerade auf die Rampe zu und in den Hänger. Warten Sie, bis Ihr Helfer die hintere Stange eingehakt hat! Erst dann binden Sie Ihr Pferd fest. Das Pferd sollte im Hänger so angebunden sein, dass es den Hals gut bewegen kann, um sich während der Fahrt auszubalancieren. Achten Sie aber darauf, dass der Strick nicht zu lang ist, sonst kommt es womöglich mit dem Kopf darunter und gerät in Panik.

Gehen Sie bitte nicht vor Ihrem Pferd in den Hänger. Erschrickt es und stürmt nach vorne, stehen Sie im Weg und werden im Hänger umgelaufen, da Sie nirgends ausweichen können. Besser: Führen Sie das Pferd auf der anderen Seite der Trennwand in den Hänger.

BEIM AUSLADEN

Beim Ausladen gilt immer: Sie binden das Pferd erst los und öffnen dann die hintere Stange. Dabei stehen Sie seitlich, nicht hinter dem Pferd. Viele Pferde drängeln nach hinten, sobald Sie merken, dass es ans Aussteigen geht. Üben Sie, dass das Pferd langsam, Schritt für Schritt und gerade den Hänger verlässt.

Bei unsicheren Pferden verhindert ein Helfer, dass das Pferd seitlich von der Rampe tritt und sich dabei verletzt. Er kann es mit ruhiger Stimme und eventuell Gerte leiten. Achtung: Unsere Pferde sind erfahren und wir üben hier mit einem Knotenhalfter. Sie dürfen das Pferd aber nie mit dem Knotenhalfter anbinden!

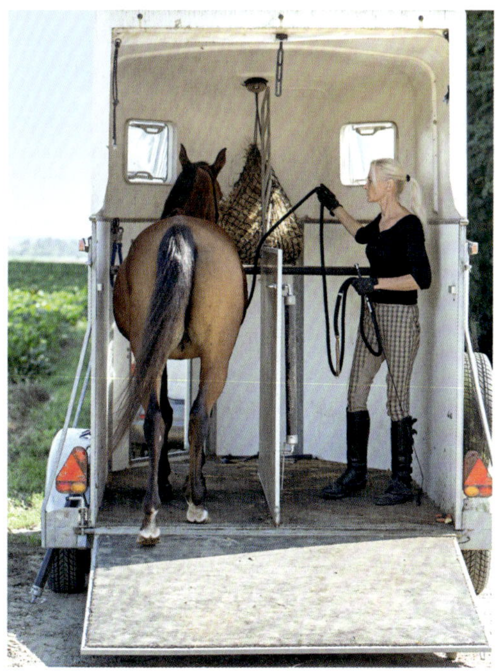

Vorbereitung am Boden

Die beste Vorbereitung für das Verladen ist die Bodenarbeit. Ein gutes Führtraining schafft bereits eine optimale Vertrauensbasis. Zusätzlich können Sie das Pferd aber daran gewöhnen, durch eine Gasse zu gehen und ungewohnten Boden wie zum Beispiel eine Holzbrücke zu betreten. Je mehr unterschiedliche Situationen ein Pferd kennt und mit Ihnen bewältigt, umso gelassener stellt es sich neuen Herausforderungen.

DIE GASSE

Bauen Sie auf dem Reitplatz oder in der Halle eine Gasse, zum Beispiel mit 2 Tonnen und einer Stange, über die Sie einen Teppich oder eine Decke legen. Achtung: Nehmen Sie bitte keine flatternde Plane, sie könnte das Pferd unnötig erschrecken. So bauen Sie eine Art Hängertrennwand.

▼

Nun führen Sie Ihr Pferd langsam auf die Gasse zu. Bitte beachten Sie, dass Sie selber nicht durch die Gasse gehen, sondern außen an der Abtrennung vorbei.

Sobald Ihr Pferd gelassen hindurchgeht, können Sie es in der Gasse anhalten lassen. Loben Sie Ihr Pferd, wenn es ruhig stehen bleibt.

DER BODEN

Simulieren Sie mit einem stabilen Brett die Rampe des Hängers. Achten Sie darauf, dass es breit ist und stark genug, dass Ihr Pferd auf keinen Fall hindurchbricht.

Lassen Sie das Pferd den Kopf senken und sich den vielleicht ungewohnten Untergrund in Ruhe anschauen. Dann führen Sie das Pferd darüber, als wäre es nichts Besonderes.

Manche Pferde haben überhaupt kein Problem damit, andere empfinden das Geräusch der Hufe auf dem Holz als unheimlich. Es kann helfen, zunächst quer über das Brett zu gehen, anstatt sofort die ganze Länge zu meistern.

Haben Sie kein geeignetes Brett zur Verfügung, können Sie auch eine Plane auf den Boden legen und diese wieder mit Tonnen beschweren. Damit gewöhnen Sie Ihr Pferd daran, vertrauensvoll auch über ungewohnten Untergrund zu gehen.

Sicherheit

Am sichersten führen Sie Ihr Pferd in den Hänger, wenn Sie auf der anderen Seite der Trennwand gehen. Doch was tut man, wenn man zwei Pferde im Hänger transportiert? Natürlich können Sie dann nicht mehr neben der Trennwand gehen, denn dort steht schon ein Pferd. Deshalb sollten Sie von Anfang an üben, Ihr Pferd in den Hänger zu schicken. Das bedeutet, dass Sie selber gar nicht in den Hänger hineingehen, sondern draußen neben der Rampe stehen bleiben.

Verladetechniken

Es gibt unterschiedliche Methoden, um ein Pferd ans Verladen zu gewöhnen. Ich beschränke mich hier auf zwei Verladetechniken: zum einen die Longenmethode, zum anderen die Horsemanship-Variante mit Arbeitsseil und Gerte bzw. Stick. Aber egal, welche Verladeart Sie probieren, grundsätzlich gilt: Alles, was ohne Druck und Stress funktioniert, ist gut!

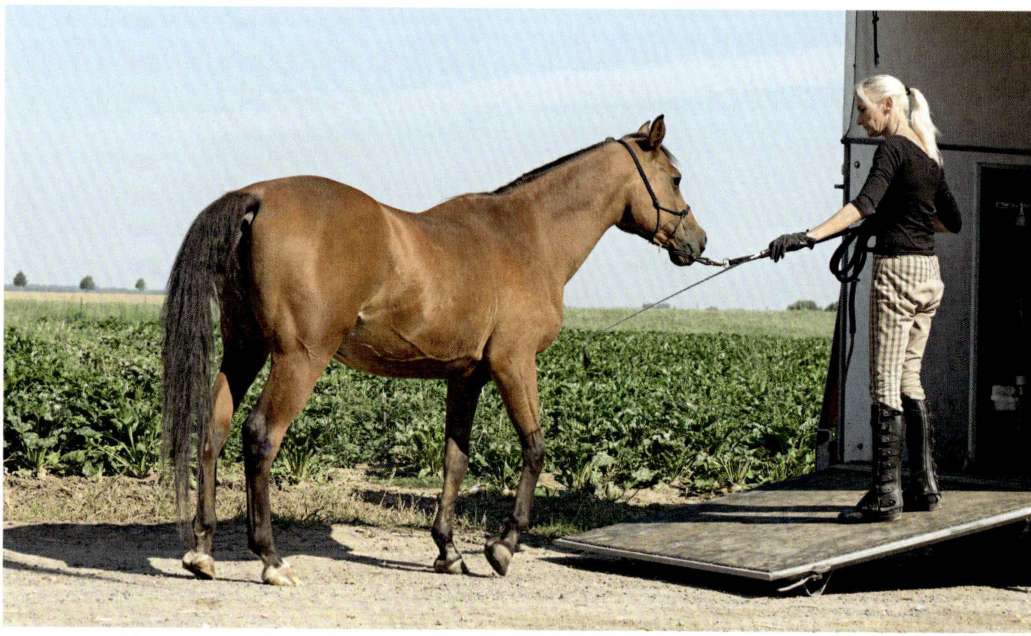

▲

DIE HORSEMANSHIP-VARIANTE

Bei dieser Verladevariation, die aus dem Horsemanship-Training stammt, brauchen Sie eine Gerte oder einen Stick, ein Halfter und ein langes Seil (und natürlich einen Hänger). Sie führen Ihr Pferd gerade auf den Hänger zu.

Gehen Sie ganz selbstverständlich auf die Rampe. Bleibt Ihr Pferd nun vor der Rampe stehen, lassen Sie es schnuppern. Ziehen Sie unter keinen Umständen am Strick oder Halfter, um Ihr Pferd in den Hänger zu bekommen. Lassen Sie ihm Zeit, damit es nachdenken kann.

▲

TOUCHIEREN

Ist Ihr Pferd entspannt, touchieren Sie mit der Gerte leicht die Kruppe – so lange, bis ein Huf auf der Rampe steht. Dann hören Sie sofort auf zu touchieren und loben Ihr Pferd.

Das Prinzip ist einfach: Durch das Touchieren machen Sie ihm das Stillstehen vor dem Hänger ungemütlich. Es wird schnell merken, dass dieses beharrliche Klopfen auf der Kruppe aufhört, sobald es nach vorne geht. Hier bekommt es vielleicht sogar ein Leckerli! So wird Ihr Pferd Schritt für Schritt auf die Rampe treten.

Geht Ihr Pferd rückwärts, beginnen Sie erneut.

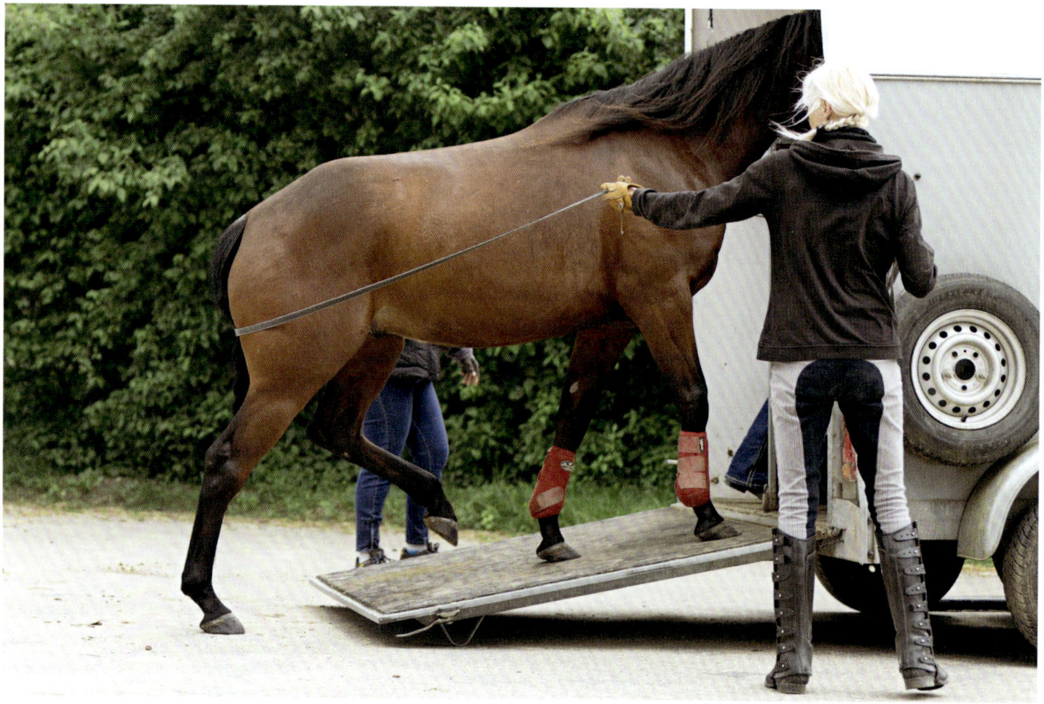

▲

MIT LONGE UND HELFER

Eine Verlade-Methode ist das Verladen mit einer oder zwei Longen. Hierfür brauchen Sie mindestens zwei Helfer, die bitte auch Handschuhe tragen. Sie führen, wie im Führtraining, locker auf den Hänger zu. Die Helfer gehen mit einer Longe (es geht auch ein vier Meter langes Seil) in drei bis vier Metern Abstand hinter Ihnen her.

Sobald nun Ihr Pferd vor oder auf der Rampe stehen bleibt, berühren die Helfer mit der Longe rechts und links vom Pferd die Hinterhand (bitte die Longe nicht zu tief halten) und erhöhen etwas den Druck von hinten. Meist reicht das schon aus, um das Pferd einen Schritt vorwärtszubewegen.

Sollte es in Panik geraten, lassen die Helfer sofort das Seil los, damit der Druck auf die Hinterhand entfernt wird. Loben Sie Ihr Pferd für jeden guten Schritt Richtung Hänger.

Bitte beachten

Testen Sie vorab, wie Ihr Pferd reagiert, wenn das Seil an die Hinterhand kommt! Es sollte dies entspannt zulassen, ohne auszuschlagen oder in Panik zu geraten. Probieren Sie das zunächst auf dem Reitplatz und nicht gleich mit Hänger! Achten Sie darauf, nicht vor dem Pferd zu stehen!

IN DEN HÄNGER SCHICKEN

Mit dem richtigen Führtraining können Sie Ihr Pferd auch auf Distanz und später ohne Strick oder Halfter verladen. Ein Pferd auf Distanz in den Hänger zu schicken sieht für Außenstehende immer toll aus, aber es steckt viel Zeit, Geduld und Training in dieser Verladetechnik, das sollte man nie außer Acht lassen.

Beginnen Sie das Training mit Halfter und Strick. Stellen Sie sich zuerst neben die Rampe und versuchen Sie, mit leichtem Touchieren der Hinterhand Ihr Pferd dazu zu bewegen, auf die Rampe und in den Hänger zu gehen. Wenn dies funktioniert, dann stellen Sie sich ein gutes Stück weiter weg und nehmen ein langes Arbeitsseil. Anstelle der Gerte können Sie nun das Seilende (Propeller) benutzen, um Ihr Pferd in den Hänger zu schicken.

FÜR PROFIS

Wenn dies alles reibungslos funktioniert, sind Sie und Ihr Pferd schon sehr fortgeschritten! Erst dann können Sie es wagen: Verladen Sie Ihr Pferd ohne Halfter und Strick. Probieren Sie das nur auf einem eingezäunten Platz (dem Reitplatz oder einer Koppel!

Geben Sie Ihrem Pferd ein eindeutiges Handzeichen, indem Sie auf den Hänger zeigen. Vielleicht müssen Sie es zu Beginn auch noch mit der Gerte touchieren oder ein Stück begleiten. Ein freies Verladen wie hier mit Shir Khan funktioniert nur mit viel Geduld und Training und dem nötigen Vertrauen zwischen Pferd und Mensch.

Longieren und Freiarbeit

Beim Longieren und bei der Freiarbeit gewähren Sie Ihrem Pferd mehr Raum. Beides ist ein Teil der Bodenarbeit. Longieren bereitet junge Pferde auf die Arbeit unter dem Sattel vor, trainiert die Muskulatur und wärmt das Pferd vor dem Reiten auf. Es dient als Abwechslung zum normalen Reittraining, kann gymnastiziert ausgeführt werden oder verletzte Pferde langsam wieder an die Arbeit gewöhnen. Fortgeschrittene arbeiten ganz frei mit dem Pferd, ohne Halfter und Strick.

AUSRÜSTUNG

Am besten longieren Sie mit Kappzaum. Sie können aber auch mit Halfter oder Knotenhalfter longieren, wie es in der Horsemanship-Arbeit oft gemacht wird.

Mit einem Kappzaum ist es leichter, das Pferd zu stellen oder biegen, da die Longe auf dem Nasenrücken am Kappzaum befestigt wird. So kann man den Kopf des Pferdes besser dirigieren, ohne den Hals zu „verbiegen" und das Pferd in der Arbeit an der Longe gymnastizieren.

Die Longe ist meist sieben bis acht Meter lang. Sie können auch ein Arbeitsseil verwenden, sofern es diese Länge hat. Außerdem brauchen Sie eine Longierpeitsche oder einen Stick, jeweils mit einem sogenannten Schlag am Ende.

RICHTIG LONGIERT

Sie können sowohl in der Halle, als auch auf dem Reitplatz oder in einem Roundpen longieren. Wichtig ist, dass der Boden eben und trittfest ist und keine Verletzungsgefahr besteht. Tragen Sie feste Schuhe und Handschuhe!

Legen Sie die Longe oder das Seil in kurze Schlaufen. Achten Sie darauf, in keine Schlinge zu greifen. Das Ende der Longe darf nicht auf dem Boden schleifen, sonst besteht die Gefahr, dass Sie hineintreten und stolpern.

Longieren Sie das Pferd nicht zu lange und machen Sie den Zirkel groß genug!

VORWÄRTS

Beim Longieren ist es entscheidend, in welcher Position Sie zum Pferd stehen. Befinden Sie sich im Kopf-Hals-Bereich, wirkt Ihre Haltung temporeduzierend auf das Pferd, es wird langsamer oder bleibt stehen. Stehen Sie auf Gurt- bzw. Bauchhöhe, nehmen Sie eine neutrale Position ein. Auf Höhe der Hinterhand wirken Sie treibend auf das Pferd, es erhöht das Tempo oder wechselt die Gangart.

Auch Ihre Körperspannung hat Einfluss auf das Pferd: Richten Sie sich auf, um das Tempo zu erhöhen. Entspannen Sie Ihren Körper, um das Pferd leicht abzubremsen. Soll das Pferd antreten, dann gehen Sie seitlich in Richtung der Hinterhand und fordern Ihr Pferd damit auf, vorwärtszugehen. Reagiert es nicht, zeigen Sie mit der Longierpeitsche zur Hinterhand. Ihr Pferd sollte nun auf einen großen Zirkel gehen.

Mit dem Anheben des Arms (samt der Peitsche) und am besten mit dem Stimmkommando „Teeerab“ fordern Sie Ihr Pferd nach ein paar Runden im Schritt auf, anzutraben. Ist Ihr Pferd schon erfahren im Longieren, können Sie auf die gleiche Art auch das Galoppieren versuchen.

NEUTRALE POSITION

Geht Ihr Pferd zügig voran, lassen Sie die Longierpeitsche völlig neutral nach unten auf den Boden (nicht aufs Pferd!) zeigen. Manche Pferde müssen erst lernen, dass die Peitsche keinen Signalwert hat, wenn sie in dieser Position ist. Das kann etwas dauern. Auch Ihre Körpersprache muss neutral sein.

Läuft Ihr Pferd in der gewünschten Gangart, bleiben Sie in der neutralen Position. Drängt das Pferd nach innen, schicken Sie es mit einem Gertensignal in Richtung Schulter wieder weg. Zieht es nach außen, ziehen Sie nicht dagegen, sondern geben Sie kleine Paraden an der Longe.

Im optimalen Fall brauchen Sie überhaupt nicht im Kreis mitzulaufen, sondern Ihr Pferd läuft locker um Sie herum. Sie selbst können stehen bleiben oder sich auf der Stelle mitdrehen.

VERLANGSAMEN

Ändern Sie Ihre Position in Richtung zum Kopf-Hals-Bereich hin, wird Ihr Pferd langsamer. Geben Sie auch hier wieder ein ruhiges Stimmkommando wie zum Beispiel „Hoooo" oder „Scheeeeritt". Zu Beginn verlangsamen Sie das Pferd an der geschlossenen Zirkelseite, das ist einfacher.

Denken Sie daran, die Longierpeitsche sofort zu senken, wenn Ihr Pferd die gewünschte Gangart erreicht hat und diese beibehält.

Gleichmäßig

Ihr Pferd sollte in jeder Gangart zügig, aber nicht hektisch laufen. Stürmt ein Pferd auf dem Zirkel wild los, ist auf dem engen Kreis die Verletzungsgefahr (vor allem für die Sehnen) groß.

Freie Bodenarbeit

In der freien Bodenarbeit überlassen Sie Ihrem Pferd die Entscheidung, ob es Lust hat, mit Ihnen zu arbeiten oder nicht. Folgt es Ihnen bereitwillig und auf kleine Signale hin, so ist dies ein wunderschönes Erlebnis! Ohne Halfter und Strick kommt es vor allem auf Ihre Körpersprache an. Sind Ihre Signale klar und verständlich, so folgt Ihnen Ihr Pferd vertrauensvoll und freiwillig.

GRUNDLAGEN

Für die freie Arbeit mit dem Pferd muss die Basis am Boden sorgfältig erarbeitet worden sein. Das bedeutet, dass Sie erst mit der seillosen Arbeit anfangen können, wenn die Übungen (wie zum Beispiel das Führtraining, Seitwärts- und Rückwärtsschicken usw.) mit Seil und Halfter problemlos funktionieren. Gearbeitet wird auf dem Platz oder – wenn vorhanden – in einem Roundpen. Gut ist es, wenn das Pferd nicht abgelenkt wird.

KOMMUNIKATION AUF DISTANZ

Durch die Distanz zum Pferd kommt es jetzt darauf an, dass Sie gelernt haben, mit Ihrem Pferd auf Abstand zu kommunizieren. Sie können es allein durch Körpersprache zum Anhalten bringen oder in den Galopp, es seitwärtsschicken, ohne es dabei zu berühren, oder das Pferd ohne Halfter und Strick durch einen Slalom dirigieren.

Sie dürfen natürlich weiterhin mit Stimmkommandos arbeiten. Auch eindeutige Handzeichen sind wichtig, die Sie gegebenenfalls mit dem Stick verstärken können. Ihr Pferd sollte so weit sensibilisiert sein, dass es auf Ihre Körpersprache achtet und reagiert.

ERSTE FREIÜBUNGEN

Beginnen Sie die Freiarbeit mit eher leichten Übungen, zum Beispiel dem Stehenbleiben und Antreten.

Punktgenaues Stehenbleiben hat Ihr Pferd beim Führtraining schon erlernt. Es weiß (wenn Sie gut geübt haben): Eine erhobene Hand, kombiniert mit Ihrem Stimmkommando, bedeutet „Halt".

Lassen Sie Ihr Pferd im Schritt gehen. Bewegen Sie sich einen kleinen Schritt vor in Richtung zum Kopf des Pferdes, heben Sie die Hand und sagen zum Beispiel „Haaalt". Vielleicht bleibt Ihr Pferd schon beim ersten Versuch stehen. Falls ja – loben Sie es! Klappt es noch nicht, verstärken Sie Ihre Signale allmählich.

Lassen Sie Ihr Pferd einen Moment stehen und schicken Sie es dann mit einem Handzeichen und einem Stimmkommando wieder in die Bewegung. Das kann so aussehen: linken Arm waagerecht heben, nach links zeigen und dabei „Scheeerrritt" sagen. Wenn Sie sich dabei leicht in Richtung Hinterhand bewegen, haben Sie sofort eine treibende Position. Später sollte alleine das Handzeichen ausreichen.

Bei der Arbeit ohne Halfter und Strick sollten Sie nie vergessen, dass Sie viel Geduld und Zeit benötigen. Sie brauchen das unbedingte Vertrauen Ihres Pferdes, das müssen Sie sich verdienen. Loben Sie, wann immer das Pferd einen Schritt in die gewünschte Richtung macht!

Für Fortgeschrittene

Bei der freien Bodenarbeit finden Pferd und Reiter zueinander und entwickeln gegenseitiges Vertrauen und ein schönes Zusammengehörigkeitsgefühl. Regelmäßiges Training, Zeit und Geduld sind die Voraussetzung für den Erfolg. Aber es muss gar nicht immer alles gelingen, das Wichtigste ist der Spaß, den man gemeinsam hat. Und der lässt sich ganz oft auch mit in den Sattel nehmen, wenn es wieder ums Reiten geht.

FREIES WENDEN

Um ein Pferd zu wenden, muss Ihre Position vor dem Pferd sein. Bewegen Sie sich von Ihrem Platz weg von vorne auf das Pferd zu. Blocken Sie mit der ausgestreckten Hand (Sie können dazu auch ein Seil in die Hand nehmen) das Pferd in seiner Bewegung und schicken Sie es somit in die andere Richtung.

Das Pferd sollte möglichst nach außen abwenden. Als Unterstützung können Sie mit der ausgestreckten Hand das Seilende wie einen Propeller (zum Pferd hin) schwingen. Sobald Ihr Pferd gewendet hat, nehmen Sie das Seil wieder runter und entspannen Ihren Körper. Üben Sie die Wendungen auf beiden Seiten erst im Schritt, später auch in anderen Gangarten.

RÜCKWÄRTS

Stellen Sie sich an die gleiche Position neben das Pferd wie beim Rückwärtsrichten mit Halfter und Strick. Das vermittelt Ihrem Pferd zu Anfang die nötige Sicherheit, um erkennen zu können, was Sie von ihm wollen. Sie können wieder das Arbeitsseil als Hilfsmittel in die Hand nehmen.

Machen Sie eine deutliche Bewegung rückwärts. Kommt Ihr Pferd nicht direkt mit, schwingen Sie das Seilende leicht vor der Brust des Pferdes. Intensivieren Sie Ihre Hilfen so lange, bis das Pferd einen Schritt rückwärts geht. Loben Sie es sofort und beenden Sie alle Hilfen! Das ist das Signal für Ihr Pferd, dass die Reaktion gut war! Üben Sie erneut. Bald werden Sie merken, wie Ihr Pferd deutlich auf Ihre Körpersprache achtet.

Natürlich können Sie auch zusätzlich ein Stimmkommando oder ein Handzeichen einsetzen. Ich nehme für das Rückwärtsrichten den Zeigefinger und bewege ihn leicht auf Augenhöhe des Pferdes hin und her. Wenn Ihr Pferd dieses Handzeichen kennt, können Sie es wirklich mit minimalen Handzeichen dirigieren.

Manchmal versteht das Pferd trotzdem nicht, was es tun soll. Dann können Sie alternativ auch vor dem Pferd stehen und es aus dieser Position mit deutlichem Kommando rückwärts schicken.

SEITWÄRTS MIT DEM KOPF ZUR BANDE

Sie können Ihr Pferd auf dem Platz auch seitwärts schicken.

Stellen Sie es mit dem Kopf zur Bande, Sie selbst stehen auf Gurthöhe. Breiten Sie beide Arme aus und gehen Sie langsam auf Ihr Pferd zu. Haben Sie das Seitwärtsrichten im Bodentraining gut geübt, wird Ihr Pferd weichen. Wenn nicht, üben Sie zuerst noch einmal mit Halfter und Strick.

Stehen Sie auf Schulter-/Widerristhöhe. Schauen Sie über das Pferd hinweg in die Richtung, in die Sie gehen wollen. Lassen Sie Ihr Pferd drei bis vier Schritte seitlich gehen und achten Sie drauf, dass es die Beine kreuzt.

SEITWÄRTS MIT DEM KOPF ZUR BAHNMITTE

Fortgeschrittene Pferde treten auf die erprobte und eingeübte Hilfengebung hin auch mit dem Kopf zur Mitte der Bahn seitwärts.

Wenn Sie inzwischen ein gutes Team sind, funktioniert es auf Anhieb. Die Wahrscheinlichkeit, dass Ihr Pferd nach vorne läuft, ist hier aber deutlich höher. Deshalb müssen Sie Ihr Pferd genau im Auge behalten und einen möglichen Schritt nach vorne sofort blocken, indem Sie ihm in den Weg treten.

Geht Ihr Pferd auch nur einen Schritt nach vorne, muss es diesen Schritt erst wieder zurücksetzen, bevor Sie das seitliche Verschieben erneut beginnen. Bei konsequentem Üben klappt das schnell!

FREIES SPRINGEN

Freies Springen kann sehr viel Spaß machen und bringt Motivation und Schwung in das Training. Üben Sie zunächst wie immer mit Halfter und Strick.

Stellen Sie das Hindernis anfangs direkt am Hufschlag auf, so ist eine Seite durch den Zaun begrenzt. Auf der anderen Seite laufen Sie neben Ihrem Pferd und lassen es über das Hindernis springen.

Klappt das gut, nehmen Sie das Halfter ab. Stellen Sie sich mit Ihrem Pferd ca. zehn Meter vor dem Hindernis auf, dann laufen Sie mit Ihrem Pferd los. Das Pferd sollte dabei traben.

Kurz vor dem Sprung erhöhen Sie noch einmal Ihre Körperspannung, damit das Pferd nicht vor dem Hindernis stehen bleibt oder daran vorbeiläuft. Zu Beginn können Sie sich auch noch mit einer Gerte behelfen und das Pferd leicht antreiben.

Wichtig ist, dass Ihr Pferd nach dem Hindernis stehen bleibt und nicht davonläuft. Lassen Sie Ihr Pferd über das Hindernis springen. Nach etwa fünf Metern stoppen Sie es, indem Sie das Arbeitsseil vor dem Pferd schwingen. Sobald das Stoppen funktioniert, können Sie das Hindernis auch mitten auf dem Platz oder wie hier mitten auf die (umzäunte) Wiese stellen.

▼

Service

NÜTZLICHE ADRESSEN

Sigrid Schöpe
Unterricht und Kurse
www.gefühl-fürs-pferd.de

Vereinigung der Freizeitreiter und -fahrer in Deutschland (VFD)
Christiane Ferderer
Zur Poggenmühle 22
D-27239 Twistringen
Tel. +49-(0)4243-942404
www.vfdnet.de

Deutsche Reiterliche Vereinigung (FN)
Freiherr-von-Langen-Str. 13
D-48231 Warendorf
Tel: +49-(0)2581-63620
www.pferd-aktuell.de

Österreichischer Pferdesportverband (OEPS)
Geiselbergstraße 26-32/Top 512
A-1110 Wien
www.oeps.at

Schweizerischer Verband für Pferdesport (SVPS)
Papiermühlestraße 40 H
CH-3000 Bern 22
Tel. +41-(0)31-3354343
www.fnch.ch

FS Reit-Zentrum Reken
Frankenstraße 35
D-48734 Reken
Tel. +49-(0)2864-2434
www.fs-reitzentrum.de

TTEAM Deutschland
Buschöhrchen 19
D-53819 Neunkirchen-Seelscheid
Tel. +49-(0)2247-9693910
www.tteam.de

TTeam Österreich
Spitalgasse 7
A-2540 Bad Vöslau
www.tteam.at

TTeam Schweiz
Maya Conoci
Bruster 5
CH-8585 Langrickenbach
www.tellington-ttouch.ch

Pferde-News von KOSMOS gibt es auch auf Facebook
facebook.com/kosmos.pferde

Nützliche Adressen

Sigrid Schöpe
www.gefühl-fürs-pferd.de

Vereinigung der Freizeitreiter und -fahrer in Deutschland (VFD)
Krista Perez Sanchez
Grenzstraße 23
D-27239 Twistringen
Tel. +49-(0)4243-942404
www.vfdnet.de

Deutsche Reiterliche Vereinigung (FN)
Freiherr-von-Langen-Str. 13
D-48231 Warendorf
Tel. +49-(0)2581-63620
E-Mail: fn@fn-dokr.de
www.pferd-aktuell.de

Österreichischer Pferdesportverband (OEPS)
Am Wassersprung 2
A-2361 Laxenburg
Tel. +43-2236-710600
E-Mail: office@oeps.at
www.oeps.at

Schweizerischer Verband für Pferdesport (SVPS)
Papiermühlestr. 40 H
CH-3000 Bern 22
Tel. +41-(0)31-3354343
E-Mail: info@fnch.ch
www.fnch.ch

FS Reit-Zentrum Reken
Frankenstraße 35
D-48734 Reken
Tel.: +43-(0)2864-2434
E-Mail: info@fs-reitzentrum.de
www.fs-reitzentrum.de

TTEAM Deutschland
Bibi Degn
Buschöhrchen 19
D-53819 Neunkirchen-Seelscheid
Tel. +49-(0)-2247-9693910
https://tiereakademie.de

Tellington Verein Österreich
Martin Lasser
Spitalgasse 7
A-2540 Bad Vöslau
E-Mail: office@tellington.at
www.tellington.at

TTeam Schweiz
Maya Conoci
Bruster 5
CH-8585 Langrickenbach
Tel. +41-(0)71-6400175
E-Mail: contact@tellington-ttouch.ch
www.tellington-ttouch.ch

Zum Weiterlesen

Binder, Sibylle L.: **Pferderassen, Herkunft und Eignung, Temperament und Wesen;** KOSMOS 2020
Die Vielfalt der Pferderassen ist groß und jede Rasse hat ihre Liebhaber. Sibylle Luise Binder gibt Einblicke in die Besonderheiten der Rassen und stellt herausragende Vertreter in kurzen Porträts vor. Wunderschöne Fotos laden dazu ein, sich nicht nur mit der eigenen Lieblingsrasse zu befassen, sondern auch über die Pferde anderer Länder und Zuchten zu lesen.

Böhmke, Waltraud: **Bodenarbeit für Pferde, 25 Parcours für Training und Prüfung;** KOSMOS 2022
Die erfahrene Pferdewirtin und Trainerin Waltraud Böhmke stellt 25 Parcours mit verschiedenen Zielsetzungen vor: zur Gymnastizierung, für Gelassenheitstraining, Umgangsregeln und Geschicklichkeit. Die Übungs- und Trainingsabläufe machen Spaß, fördern das Teamwork und dienen zugleich als gezieltes Training für die Abzeichenprüfung.

Eschbach, Andrea und Markus: **Der kleine Erziehungs-Ratgeber für Pferde,** KOSMOS 2020
Gut erzogene Pferde sind sichere Pferde. Wie wir es schaffen, dass unser Pferd brav stehenbleibt, sich ruhig führen lässt und aufmerksam zuhört, was wir von ihm möchten, erklären die Pferdeexperten Andrea und Markus Eschbach mit vielen Fotos in diesem Buch.

Putz, Michael: **Die Reitabzeichen, Prüfungswissen der FN für Theorie und Praxis;** KOSMOS 2021
Dieser Ratgeber zu den Reitabzeichen 5 bis 1 der FN liefert aktuelles Wissen zur praktischen und theoretischen Prüfung. Ganz gleich, ob es um Prüfungsbestimmungen, die Beurteilung der Dressuraufgaben, Springparcours oder die theoretische Wissensabfrage in Frage und Antwort geht, hier ist alles zu finden.

Schneider, Marius: **Trainingsbuch Bodenarbeit; Gymnastizierende Ausbildung für jedes Pferd;** KOSMOS 2021
Bodenarbeit gymnastiziert das Pferd, bereitet es optimal auf das Reiten vor und macht es fit für immer weiter fortschreitende Lektionen. Marius Schneider erklärt, wie man jedes Pferd, unabhängig von Rasse oder Alter, am Boden ausbildet, wie eine feine Hilfengebung erarbeitet wird und wie abwechslungsreich gute Bodenarbeit sein kann.

Schöning, Dr. med. vet. Barbara: **Clicker-Training für Pferde;** KOSMOS 2019
Pferde lernen am besten über positive Verstärkung – das gelingt mit dem Clicker-Training. Motivieren Sie Ihr Pferd zu gewünschten Verhaltensweisen im Alltag, in unerwarteten Situationen, bei der Bodenarbeit und beim Reiten in Bahn und Gelände.

Schöpe, Sigrid: **Reittraining mit Stangen und Pylonen, Die besten Übungen;** KOSMOS 2014
Immer nur dieselben Lektionen auf dem Reitplatz – das macht wenig Spaß. Mit Stangen und Pylonen lässt sich schnell und unkompliziert ein abwechslungsreicher Parcours legen,

der Pferd und Reiter vor neue Aufgaben stellt. Dieses Buch liefert viele neue Ideen für das eigenständige Training.

Wilsie, Sharon/Vogel, Gretchen: **Sprachkurs Pferd, Pferdesprache lernen in 12 Schritten;** KOSMOS 2018
Jedes Zucken von Ohr oder Nüster, jede Bewegung des Pferdes hat eine Bedeutung. Pferde reden mit uns, doch die meiste Zeit übersehen wir diese Signale. Mit diesem Übersetzungshelfer lernen wir, die Sprache unserer Pferde zu verstehen und uns mit ihnen so zu unterhalten, dass sie unsere Wünsche verstehen und sich verstanden fühlen.

Wilsie, Sharon: **Mit Pferden sprechen, Erfahrungen aus dem Alltag mit Pferden;** KOSMOS 2019
Nach ihrem bahnbrechenden „Sprachkurs Pferd" zeigt Sharon Wilsie nun die Praxis des „Horse Speak" im Alltag. Anhand vieler Geschichten und Fallbeispiele demonstriert sie, wie die Pferdesprache im täglichen Umgang mit dem Pferd – am Boden oder im Sattel – richtig eingesetzt wird. Es wird deutlich, wie zu jedem Pferd eine vertrauensvolle Beziehung aufgebaut werden kann. Auch als E-Book erhältlich.

Wilsie, Sharon: **Sprachkurs Pferd, Das Trainingsbuch;** KOSMOS 2023
In ihrem ersten Buch „Sprachkurs Pferd" hat Sharon Wilsie gezeigt, wie es gelingt, eine wundervolle Verbindung zwischen Mensch und Pferd zu schaffen. Nun geht es weiter: Horse Speak® unterstützt uns auch bei der täglichen Arbeit mit dem Pferd, bei Umgang, Ausbildung und beim Reiten.

Ich danke ...

- Meiner Reitlehrerin und Bereiterin Silke Smeets für ihre reiterliche Unterstützung und ihr Fachwissen, für die Bereitstellung ihrer Anlage Reimesheide (www.silke-smeets.de), auf der wir das Fotoshooting für dieses Buch machen durften, und für ihre Beiträge und Unterstützung mit ihren eigenen Pferden Rondenjo, Ranjano und Danubio.
- Meiner Pferdefreundin Lena Throm, dass sie und ihre Stute Encantada beim Fotoshooting bereit waren und trotz längerer Anreise und bei heißem Wetter vollen Einsatz gezeigt haben. Encantada war als All-Round-Talent für dieses Buch genau das richtige Pferd, da sie für alle Übungen bereitstand.
- Meinen Pferden Shir Khan und Romeo, die immer motiviert mitmachen und stets versuchen, dabei gut auszusehen.
- Dem Reitstall la calma für die Bereitstellung des Materials für das Fotoshooting.
- Meiner Ansprechpartnerin beim Kosmos Verlag Birgit Bohnet, für ihre ganze Organisation und die Mühe, die sie in das Projekt gesteckt hat, die immer ein offenes Ohr für neue Projekte hat und mir jederzeit hilfreich zur Seite steht.
- Dem Fotografen Horst Streitferdt (www.foto-streitferdt.de), der auch bei meinem dritten Buch das Fotoshooting durchgeführt hat und dank seiner Erfahrung und seinem Pferdewissen immer die richtigen Fotos geschossen hat.

BILDNACHWEIS

139 Farbfotos wurden von Horst Streitferdt/Kosmos für dieses Buch aufgenommen.
Mit 11 Illustrationen von Cornelia Koller.

IMPRESSUM

Umschlaggestaltung von eStudio Calamar unter Verwendung von zwei Farbfotos von Horst Streitferdt/Kosmos.

Mit 139 Farbfotos und 11 Illustrationen.

Alle Angaben in diesem Buch erfolgen nach bestem Wissen und Gewissen. Sie entbinden den Pferdehalter nicht von der Eigenverantwortung für sein Tier. Autorin und Verlag übernehmen keinerlei Haftung für Personen-, Sach- und Vermögensschäden, die aus der Anwendung der vorgestellten Materialien und Methoden entstehen können.

Unser gesamtes lieferbares Programm und viele weitere Informationen zu unseren Büchern, Spielen, Experimentierkästen, DVDs, Autoren und Aktivitäten finden Sie unter **kosmos.de**

Gedruckt auf chlorfrei gebleichtem Papier

ISBN 978-3-440-13528-0
Redaktion: Birgit Bohnet
Grundlayout: Friedhelm Steinen-Broo, eStudio Calamar
Gestaltung und Satz: Atelier Krohmer, Dettingen/Erms
Produktion: Nina Renz
Printed in Germany / Imprimé en Allemagne

FSC
www.fsc.org
MIX
Papier aus verantwortungsvollen Quellen
FSC® C110508

Spielerisch
—— gymnastizieren

80 Seiten, ca. €(D) 12,00

Egal ob Warmblut, Araber oder Shetland-Pony – Bodenarbeit gymnastiziert jedes Pferd, schafft Vertrauen und bringt Abwechslung in den Alltag von Pferd und Reiter. Das Pferd entwickelt ein besseres Körpergefühl und wird zum aufmerksamen, selbstsicheren Partner. Sigrid Schöpe erklärt Bodenarbeit Schritt für Schritt – von einfachen Lektionen, die das Pferd bereits effektiv trainieren, bis zu Zirkustricks, damit auch bei Fortgeschrittenen keine Langeweile aufkommt. Mit kleinem Schrecktraining zur Nervenstärkung von Pferd und Mensch.

Zirkusarbeit begeistert alle! Die pfiffigen Übungen machen gute Laune und stärken die Partnerschaft zwischen Pferd und Reiter. Dieses Buch zeigt die Vielfalt der Zirkusarbeit, von kleinen Tricks wie „Mützenklau" und „Decke ausziehen" bis zu anspruchsvollen Lektionen wie „Kompliment" und „Liegen". Sigrid Schöpe hat eine besondere Gabe, die Übungen einfach und nachvollziehbar zu erklären, und verrät die kleinen Kniffe, die für den Erfolg entscheidend sind.

80 Seiten, ca. €(D) 12,00

kosmos.de